JN269770

タロ・ジロは生きていた

南極・カラフト犬物語

第一次南極越冬隊員
菊池　徹 監修
藤原一生　著

▲タロ：胸の一部分が白い

▲ジロ：前足の先が白い

▲犬をねぎらう北村隊員

15頭曳き犬ぞりの英姿

▲アカ

▲ゴロ

▲クマ

ジャック

▲ポチ

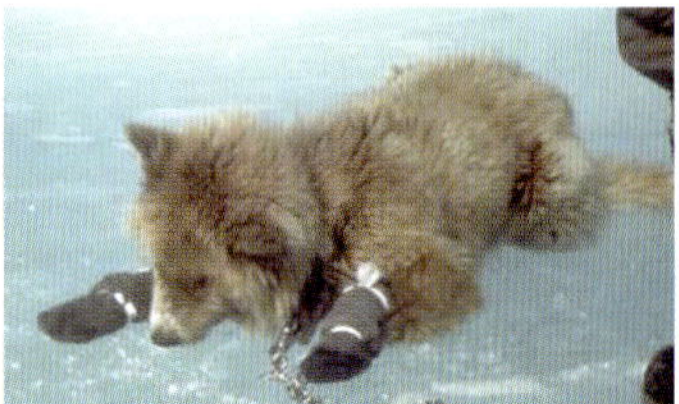
▲アンコ

▲宗谷船室の犬小屋

▲宗谷後甲板と犬達

▲アザラシの生肉で育つ子犬達

▲先導犬シロ青氷上を頑張る

▲宗谷へ救出されたボト

▲宗谷へ救出されたユキ

▲宗谷へ救出された子犬チャコ

口絵写真：菊池 徹

☆この本は、小学校高学年の漢字配当表を基準とした表記になっていますが、中学生・高校生以上の読者にも、十分ご満足いただけるような構成になっています。また、小学校低学年の読者にも読めるように、むずかしい漢字には、ふりがなをつけました。

●表紙&カバー写真
〝タロとジロは生きていた!〟人物は北村隊員。
(写真提供/朝日新聞社)

本書は、一九八五年第三十八刷版を復刊しています。
但し、「タロ・ジロの秘密」(復刊にあたって——菊池　徹)、口絵写真、奥付、著者・監修者略歴は、この度新たになっています。

〈復刊にあたって〉

「タロ・ジロの秘密」

菊《きく》池《ち》 徹《とおる》

藤原一生さん〈一九二四〜一九九四〉の「タロ・ジロは生きていた」（一九八三年）が復刻されるに際しまたもや私の駄文《だぶん》を添加《てんか》してくださることになりました。感激を新たにしています。

ところで、皆さんはこの物語、つまり2頭の犬が南極の昭和基地で厳冬期も含めた丸一年間、飼い主つまり人間の手助けなしに生き抜いたというお話をご存知《ぞんじ》ですよね？

しからばそれらの犬たちはその一年間「何を食べていたのでしょう？」……鮮魚？ かんづめ？ ドライフード？ ペンギン？ アザラシ？ カモメ？ ……考えられるものはいろいろありますね。でもこれらのすべてが「Nｏ（ノー）」です。誰も見当がつきませんでした。犬係だった私たちですら「サーテ？」といった具合でした。一時期とても話題になったものですが、皆さんは「何だ」と思いますか？

科学的にとても難しいことに取り組んでいる先生たちも、この問題のような小さな疑問の解決には誰も本気で取り組もうとしなかったのです。文部省（当時）に提出してある「研究予定項目」にも入っていません。

しばらくして動物学専攻の先生方がやっと結論を出してくれました。その答えは「氷上に新しく排泄《はいせつ》されたアザラシのウンチ」でした。先生たちの実験は、タロとジロに何日間か断食を試み、彼らが十分空腹になったとき彼らの鎖《くさり》を解《と》いて放ってやったのです。そして犬たちの後をコッソりついていったのです。タロとジロは何処《どこ》へ行ったと思いますか？　ドンドン海氷上に走り出しました。そして行きついたところは、氷上に上がって「日向《ひなた》ぼっこ」をしている大きなアザラシたちのところでした。「イザ大喧嘩《おおげんか》？」と思いきや、アザラシと犬とはとても仲良くふれあっているではありませんか。驚《おどろ》いた隊員《たいいん》が観察を続けていると、犬たちはさらにアザラシに近づき、何とアザラシの排泄《はいせつ》したホカホカのウンチをおいしそうに食べはじめました。それはできたての温かい特上のご馳走《ちそう》でした。その中には未消化のえび・かに・小魚が原型のまま入っていたりして大変なグルメです。犬たちはおなかいっぱい食べて、アザラシにお礼を言って元気に氷上に踊《おど》り出ました。「なーるほど。これか。秘密《ひみつ》は……。」

この話を聞いたとき、私は南極の「大きさ」「複雑さ」に感動しました。何が起きるかわからない。学問的にはとても貴重《きちょう》な事実が毎日解読《かいどく》研究されている南極。その反面、一年間の犬の餌《えさ》が主にアザラシの糞《ふん》であったという事すら誰も知らなかった事実。

人間のしなければならない事は、大小・貴賎《きせん》など様々です。それらすべてを一つ一つ解読して行くことにより、次の進歩につながるのです。世界には「小さな事」で皆さんの「力」を期待している事がたくさんあるのです。いつも「あなたの疑問」を少しでも「解読」すべく、一歩一歩《いっぽいっぽ》「前進」していきましょう。皆さんの小さな「貢献《こうけん》」が、きっと世界を改善し改革を可能にするのです。

カナダ・バンクーバーにて　二〇〇四年三月

（菊池　徹〈一九二一―〉第一次南極越冬隊員。地質学・犬ぞり係）

監修《かんしゅう》のことば

第一次南極越冬隊員
菊池　徹

この本を書かれた藤原《ふじわら》先生は南極《なんきょく》に行かれた方ではありませんが、先生はとても熱心《ねっしん》に勉強されて、私たち南極《なんきょく》に行った者からいろいろと話を聞かれ、みなさんのために、いっしょうけいめいに書いてくださいました。

この本は〈タロとジロ〉のことから、第一次越冬隊《えっとうたい》のいろいろな行動《こうどう》について、ほんとうにあったことをもとにして、楽しく読めるように書かれています。

そこで私は、この本をお読みになるみなさんや、みなさんのお友だちに、次の二つのことがらをお伝えします。

一、私たちが南極へ行ったとき、そして、いまでもそうですが、極地《きょくち》には世界各国から観測隊《かんそくたい》がやってきて、とてもなかよく、しかも、常にラジオで連絡《れんらく》をとりながら、おたがいに助けあって、あの大自然のなかで研究《けんきゅう》をつづけていることです。この温かい気持ちが、いつまでも、いつまでもつづくように念願《ねんがん》しております。

一、南極へ行くなんて、なんだか、とても偉《えら》い人ばかりのように思いませんか。もし、そうだとしたら、それは大きなまちがいです。南極には、いまだに調査されていないところや、いろいろ調査しなければならないことがらがたくさん残っています。これらのことがらを解明《かいめい》するために、これからも、どんどん南極へ出かけて行かなければなりません。

だれが行くの……ですって？

「だれだと思いますか？」

それは、みなさんです。若いあなたたちです。

もう少し大きくなったら、ぜひ出かけて行っていただきたいのです。そのためには、

〝まず、健康な体をつくること〟

〝何ものにも負けない、強い心をもつこと〟

そうしたら、みんな手をつないで南極へ行けるのです。

そのときには、私も、ぜひつれて行ってください。

はじめに

藤《ふじ》原《わら》一《いっ》生《せい》

東京タワーの大鉄脚《だいてっきゃく》の一角《いっかく》に、南極観測《なんきょくかんそく》で働いたカラフト犬の記念像《きねんぞう》がある。

「これ、なあに？」

と、子どもたちにいくど聞かれたかわからない。そのたびに、私は、無人《むじん》の昭和基地に残された十五頭のカラフト犬の物語をやさしく話して聞かせる。だが、最後には必ず、『タロ・ジロは生きていた』……の物語になってしまう。

一九五九（昭和三十四年）に、日本動物愛護協会《どうぶつあいごきょうかい》が東京タワーの下に建てたこの記念像は、無人の昭和基地に残された十五頭のカラフト犬をしのんで建てたものであるが、国民の涙《なみだ》のひとしずくかもしれない。

一九五七（昭和三十二年）十月二十一日、南極観測船〈宗谷《そうや》〉は、第二次越冬隊員《えっとうたいいん》を乗せて東京港を出航《しゅっこう》したが、二月一日の接岸予定《せつがんよてい》をすぎても悪天候のために動きがとれず、越冬に必要な資材《しざい》・食料《しょくりょう》さえも運ぶことができなかった。十一人の第一次越冬隊員を引きあげるのが、やっとという状態《じょうたい》で、第二次越冬をあきらめた。このため、一年間、十一人の越冬隊員とともに南極で活やくした隊犬……カラフト犬十五頭は、無人の昭和基地におきざりにされてしまったのである。

一年後、第三次越冬隊が昭和基地に着いたとき南極の冬を生きぬいたタロとジロが発見された。私はこの感動的《かんどうてき》な物語をいちはやくまとめて、昭和三十四年七月二十日、『記録文学★タロ・ジロは生きていた』を出版《しゅっぱん》した。

タロが昭和基地から日本へ、そして札幌《さっぽろ》に帰ってきたのは、一九六一(昭和三十六年)五月五日のことである。その後、北海道大学植物園内で暮らし、一九七〇(昭和四十五年)八月十一日、老《ろう》衰《すい》のために十五歳《さい》で死んだ。人間の年齢《ねんれい》なら九十歳になるという。

ジロは、その十年前の一九六〇(昭和三十五年)七月九日、日本時間十日午前一時十分に心臓衰《しんぞうすい》弱《じゃく》のために、昭和基地で死んでいる。第四次越冬中のことである。

この二頭のカラフト犬は現在、それぞれはく製になって、ジロは東京・上野公園内にある国立《こくりつ》科学博物館《かがくはくぶつかん》に、タロは札幌の北海道大学植物園内にある博物館におかれている。

私は越冬中に病死《びょうし》したジロが上野の国立科学博物館におかれてから、一年に一度は必ずジロに会いに行きつづけてきたが、二度の任務《にんむ》を立派《りっぱ》にはたして無事帰国《ぶじきこく》し、札幌にいたタロには、なかなか会うことができなかった。しかし、最近やっと、タロのはく製にも会うことができた。

無人の昭和基地で一年間、タロとジロの兄弟犬《きょうだいけん》は、おたがいに助けあって、たくましく生きぬいた。その二頭のカラフト犬が、このように別れ別れにおかれていてよいものだろうか。この、せまい日本なのに、なぜ、東京と札幌に別れ別れにしておかなければならないのか。私は深い悲しみを感じた。

だが、この現実を知っている人は、ほとんどいないと言ってもよい。そこで私は、この悲しい現実を広く知らせるために朝日新聞の「声」のらんに投稿《とうこう》した。すると、幸運《こううん》にも一九八三（昭和五十八年）一月一日号〈関西方面〉と、三日号〈関東から北海道方面〉の新聞に出た。

新聞を読んだ全国の人びとから励《はげ》ましの手紙や電話をいただいた。さらに、第一次越冬隊長・西堀先生からもお電話をいただき、私は大いに勇気《ゆうき》づけられ、さっそく、『タロ・ジロをいっしょにさせる会』をつくり、そのための運動を全国に広げることを心に決めた。どうか、みなさんもご協力をいただきたい。

タロ・ジロは、たしかに死んだ。

だが、はたして、タロ・ジロの死によってすべてが、消え去ってしまうものなのだろうか。

タロ・ジロの物語を書きつづけた私のような関係者だけの心に残る一つのドラマなのだろうか。当時《とうじ》、〝タロ・ジロは生きていた!!〟のニュースは電波《でんぱ》にのって全世界に伝えられ、多くの人びとの心をはげしくゆさぶった。

タロ・ジロは、まさに、南極の王者《おうじゃ》であり、その物語は子どもから大人《おとな》まで、いつまでも人びとの心のなかで生きつづける〝ほほえましい〟〝たくましい〟そして、明るい雄大《ゆうだい》なドラマだ。

それは、南極大陸を走りつづけたカラフト犬の物語を知ることによって、心にずしんとひびき、あなたも、タロとジロをいっしょにさせたいと、心からさけぶようになるにちがいない。

あなたのお便りを待っている。

もくじ

写真提供／菊池 徹・朝日新聞社
図　版／中尾信彦
構　成／大澤功一郎

南極における各国の基地

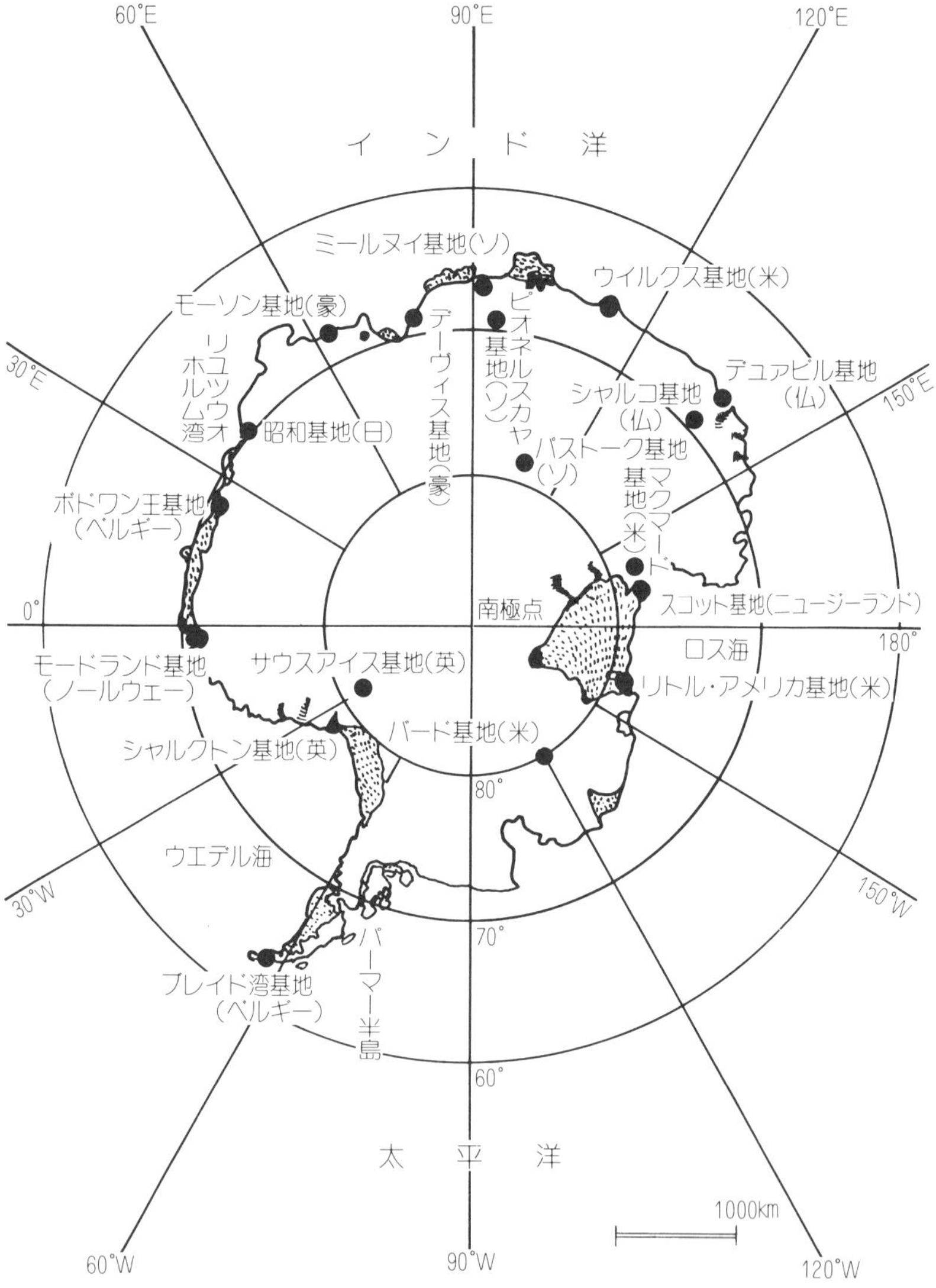

魔《ま》の海

無人《むじん》の昭和基地《しょうわきち》に向かって第三次南極観測船《なんきょくかんそくせん》〈宗谷《そうや》〉は東京港を離れた。昭和三十三年十一月十二日、十時四十五分のことであった。

第二次より、二十二日もおくれている。

第二次の出港は、三十二年十月二十一日であった。このときは、第一次より、十八日もはやく出発している。それには次のような理由があった。

第一次のとき、十一人の越冬隊《えっとうたい》を氷原《ひょうげん》に残して離岸《りがん》した〈宗谷〉は、まもなく氷にとざされてしまった。ただちに外国船に救助《きゅうじょ》を求め、ソ連の〈オビ号〉に救われた。その忘れられない、恐ろしい出来事を計算に入れて、第一次より十八日もはやく出港したのである。

しかし、第三次は、その第二次より二十二日もおくれての出港となったが、〈宗谷〉の船足ははやかった。二十二日のおくれが、はたしてどんな苦しみとなって表れるか不安であった。

心配はそれだけではない。きびしい南極の気象条件のなかに一年間、おきざりにしてきた昭和基地はどうなっているか、それが最大の問題であった。

このほかにも、いくつかの問題をかかえて、〈宗谷〉は十二月九日、はやくもアフリカの南端《なんたん》ケープタウンに入港した。そして、昭和三十四年一月二日には、恐ろしい暴風《ぼうふう》けんをよこぎり南極海に入った。まっ白に輝《かがや》く氷山《ひょうざん》が〈宗谷〉をむかえた。

「あっ、氷山だ！」

待ちこがれていた氷山を発見してどっと、かんせいがあがった。

八時三十分、大陸から、およそ百三十三キロの地点である。

「きれいだなあ――」

まっ青な空をバックに、まっ白な氷山が、くっきりと浮かんでいる。

水平線に、積雲《せきうん》がそそりたっている。

南極は真夏である。

七つの海をかけめぐる海の男たちも、その美しい景色《けしき》に心をうばわれていた。

「昨年《さくねん》は、五百五十キロの地点で氷山と出合いましたが、ことしは、ついてますね」

そう言って、松本船長は笑った。望遠鏡《ぼうえんきょう》を目に当てたまま永田《ながた》隊長も口もとをほころばせた。

出港が二十二日もおくれた不安が、いっぺんに吹っ飛んでしまった。

氷山の数がしだいに増えてきた。

南極大陸との距離《きょり》が接近してきた。十三時五十分にはエンダービーランドのクローズ岬《みさき》まで、およそ三十三キロという近距離に接近《せっきん》した。

そこで、ようやく、浮氷帯《ふひょうたい》にぶつかった。

黄色い大陸を左に見て、〈宗谷〉は進路《しんろ》を西に向けた。

南極海に浮かぶ氷山

「めずらしいですね。上陸に成功した一昨年でも、大陸まで七十キロはありましたよ。このまま、うまくいってくれるといいですね」

松本船長の声ははずんでいた。

「そうですね。このあたりと変わらなければ、昭和基地にかなり接近できるでしょう。しかし、天気しだいで、がらっと変わってしまいますからね」

と、言って、永田隊長は、クック岬まで流された昨年のことを思い出した。越冬を断念《だんねん》した、いやな思い出が、胸をつきさした。

クローズ岬沖《おき》からリュツォウホルム湾《わん》まで約五百五十キロある。

天気にめぐまれている現在が、不気味《ぶきみ》にも感じられた。

夜十一時すぎ、まっ赤な太陽が、氷原にのめりこんだ。ピンク色にそまる氷原に見とれているうちに、三時間もすると日の出をむかえてしまう。

三日をむかえ、前の甲板《かんぱん》と後ろの甲板《かんぱん》とで、航空機《こうくうき》の組立作業がはじめられた。青空の下に爆音《ばくおん》がひびきわたった。

小型ヘリコプター・ベル二機が、氷状偵察《ひょうじょうていさつ》に飛び立ったあとの甲板には、機体をオレンジ色に輝かせたシコルスキー大型ヘリコプター二機があった。

四日には、ビーバー機が試験飛行に飛んだ。しかし、まもなく雲ゆきがおかしくなってきた。

「これはいかん、荒《あ》れるぞ」

と、言っているうちに、風がしだいに強くなってきた。甲板いっぱいにヘリコプターをかかえた〈宗谷〉は、進路《しんろ》を東に変えて流氷《りゅうひょう》の間の、おだやかなところに船体を止めた。

夕刻、試験飛行《しけんひこう》に飛んだビーバー機〈昭和号〉が帰ってきて、〈宗谷〉の横に着水すると、すぐにデリックでつりあげられた。船はゆれている。船体にぶつけないために、十数人が竹ざおで機体を押している。見守る人も、押す人も真剣《しんけん》だ。

「尾翼《びよく》をもっと押して!」

と、さけんだとき、大きなうねりが船体にぶつかった。

「あっ!」

ビーバー機の尾翼が音をたててまがった。

一瞬《いっしゅん》、人びとの顔が青ざめた。

右側の船橋《せんきょう》にぶつかったのである。

まがった昇降舵《しょうこうだ》は飛行機にとって最も大切なところだ。

ビーバー機は七百カイリの飛行能力をもっている。

重大な任務《にんむ》を目前にひかえてビーバー機担当の山田、岡本、吉田、園田の四隊員の顔は引きしまった。

甲板にあげられると、こわれた尾翼にとびついた。白夜のなかに必死《ひっし》に修理《しゅうり》の手を動かすすがたが、いつまでも見られた。

いままでに二度、氷にとざされて自由を失った苦しい経験をもっている〈宗谷〉は、大自然の力をこくふくするために空母型《くうぼがた》に改造《かいぞう》され、後部に、大きい飛行甲板がつけられていた。

ベル型ヘリコプターは、氷状《ひょうじょう》の偵察《ていさつ》に、シコルスキー大型ヘリコプターは輸送《ゆそう》を受けもつことになっている。そして、ビーバー機〈昭和号〉は、広いはんいの航空写真をとるとともに、昭和基地のようすを調べる重大な任務をもっている。

「えらいことになった。基地のようすをたしかめなくては、輸送の計画がたたない」

村山第二次越冬隊長が、重苦《おもくる》しい声でつぶやいた。

「こうなったら、ソ連隊のニュースを信じる以外に、道はないだろう。アンテナも異状《いじょう》がなかったというではないか」

「しかし、自分の目でたしかめたかった」

村山越冬隊長は、こわれたビーバー機を見つめて、くちびるをかみしめた。だが、〈昭和号〉が飛べなくなった現在、ソ連隊が見たという昭和基地のニュースを信じるよりほかはなかった。

ソ連機着陸事件《れんきちゃくりくじけん》

昭和三十三年十二月六日、ボドワン王基地のベルギー隊偵察機《ていさつき》が、プリンス・ハラルド陸地奥のクリスタル山脈で、行方不明《ゆくえふめい》になった。その、捜査《そうさ》のため、ソ連ミールヌイ基地から七人の隊員が、L《エル》12型四九五号機に乗って飛び立った。

そして、ガソリン補給《ほきゅう》のため、オーストラリアのモーソン基地に立ちよった。

つづいて、十三日十三時、昭和基地に着陸して帰りのガソリンをおき、ボドワン王基地へ向かった。

十六日には、ベルギー隊の遭難者《そうなんしゃ》を救助《きゅうじょ》して、ふたたび無人の昭和基地に立ちより、ガソリンを入れてミールヌイ基地に帰って行ったというのだ。

「なるほど、これは大ニュースだ」

そのニュースを受け取った〈宗谷〉は、ちょうど暴風けんに入ったところであった。

木の葉のようにゆれる船内は、火がついたようなさわぎになった。

ただちに、ソ連基地へ電報を打ったが、二十八日には、返事はなかった。

恐ろしい暴風けんにいることも忘れて、いまか、いまかと返電を待っていた。

二十九日、ソ連隊から返電がきた。

「えっ、き、きたか!」

返電を受ける通信士の顔に全員の目が集まった。

カチ、カチッと、時をきざむ時計の音が、静けさをやぶっていた。

通信士が、とつぜん立ちあがった。

「昭和基地は、無事です!」

「そうか――」

「内容を――、は、はやく」

「はい。では、ソ連隊からの電文をお知らせします」

さわがしい声が、ピタッとやんだ。

通信士が、ゴクンとのどを鳴らす音が聞こえた。

「われわれの飛行機が、昭和基地にとどまったのは、きわめて短時間だったので、基地のようすを、よく調べたわけではない。しかし、乗組員《のりくみいん》の印象《いんしょう》では、建物は全部、よくたもたれており……」

と、言って、声を止めると、わっとかんせいがあがった。その声を打ち消すように、通信士は、きどったセキばらいをした。

「また、建物の上には雪はなかった。アンテナの柱も、ちゃんと立っていた。海氷はかたく、海岸から約二十五キロから三十キロつづいているように見えた。その海氷の向こうにオープンシー(無氷海面《むひょうかいめん》)が見えた。われわれは百オクタン価のガソリン一カンを残してきた――以上です」

報告が終わると、ふたたび、どっと、かんせいがあがった。

南極・昭和基地

生きていた

一月九日、〈宗谷〉は昭和基地の真北《まきた》から、氷原に突入《とつにゅう》した。基地から約百八十五キロの地点である。

氷の状態は一昨年オビ号に救われたときと同じ状態だった。力いっぱいぶつけても、氷ばんは少し後退《こうたい》するだけで、まるでゴムのりのなかで、あばれているようだった。割ったあとは、たちまちふさがってしまう。

九日は三・七キロしか前進できなかった。十日は二・四キロ。

前進後退がつづけられた。七日から二十一日まで、百二十五キロも流された。

「同じことをくりかえさぬぞ」

シコルスキー大型ヘリコプターを見つめて、永田隊長は力づよくつぶやいていた。

そのとき、〈宗谷〉の南側の氷状偵察に飛んでいたベル型ヘリコプターが帰ってきた。

「九キロ先から、一面に、氷原がつづいています。変化がないかぎり、前進は無理です」

永田隊長、村山副隊長（越冬隊長）、松本船長らの顔が引きしまった。

「よし、それでは、計画通りやろう。北に航空きょ点をつくって、最低《さいてい》、十二人の越冬用物資《ぶっし》をシコルスキーで三十トン運ぼう」

意見がいっちした。十一日から、シコルスキーの試験飛行がはじまった。

こうして、無人の昭和基地に飛び立つ一月十四日をむかえた。

午前零時《れいじ》をすぎたころ、グリーン・フラッシー——みどりの太陽が出た。その半円形のふしぎな色の太陽は、極地の空気のいたずらから生まれるものである。

朝やけ空の、真紅《しんく》の帯にかざられたエメラルドが越冬隊員への贈《おく》りものになった。

「ああ、はやく飛ばないかな」

芳野《よしの》隊員は、朝食も満足《まんぞく》にノドを通らない。

「まったく、待つ身はつらいね」

と、じょうだんを言っていたが、昼食《ちゅうしょく》にはごちそうも出なかったので、隊員たちの顔に不安の色が表れた。

「予定が変わったのかな?」

と、心配したとき、マストに鯉《こい》ノボリがあがった。隊長から空輸開始《くうゆかいし》が正式に伝《つた》わった。

くもっていた空から光がさしてきた。

ガソリンをいっぱいに積んだ二〇一号機が飛行甲板から舞いあがった。つづいて二〇二号機が氷原から飛び立った。

二機のシコルスキー大型ヘリコプターは、そろって船上をせんかいすると、南の空へ、しだいに遠ざかって行った。

氷原は白い炎《ほのお》のように燃えている。

〈宗谷〉と基地の間は、約百六十三キロある。

飛行時間、一時間十分あまりで着く。

十四時四十五分、なつかしいオレンジ色の建物が見えてきた。

「あっ、昭和基地だ!」

清野隊員が、ふるえる声でさけんだ。

そのとき、第一次越冬隊員であった大塚隊員の目に、氷上に動く黒い物体がうつった。

「犬だ!」

「な、なにっ!」

「まさか、一年間も、生きているはずがない」

「いや、たしかに犬だ……」

「アザラシだろう」

と、言い合っているうちにシコルスキーS五八型は、静かに、昭和基地へおりていった。

機が地上に着くと、村山越冬隊長をはじめ、武藤、芳野、荒金、清野、大塚隊員はどっと、機上から飛びおりた。同時に、建物に向かって走った。

そのとき、信じられない現象が、彼らの目にうつった。

二頭のカラフト犬が背をまるめて氷原をかけてきたのだ。

「おお、やっぱり、そうだったのか」

大塚隊員は思わず自分の目をうたがった。永原に残した十五頭の霊《れい》が、一つの物体となってとんできたのかと思った。

「犬だ、犬が生きていたぞ!」

生きていたタロ

生きていたジロ

犬と、人間が、速力《そくりょく》をもって接近した。

大塚隊員は、犬にだきつくと、黒々とした毛に顔をうずめた。

このニュースはただちに〈宗谷〉に、そして、〈宗谷〉から日本へ伝えられた。

タロ・ジロのすがたも電光写真《でんこうしゃしん》で送られた。

その写真を見て驚《おどろ》いたのは日本の国民だけではなかった。

全世界の人びとが、《タロ・ジロは生きていた》のニュースに胸をおどらせた。

と、同時に、忘れることのできない悲しい思い出が喜びの底から浮かんできた。

それは、昭和三十三年二月二十四日、第二次越冬を断念《だんねん》、十五頭を救い出せなかった暗い思い出であった。

何も知らず、クサリにつながれた十五頭のカラフト犬のすがたが、瞳《ひとみ》の奥に、冷たく残っていた――。

タロとジロを発見したときのようす

まるで小熊のようにまるまると太った黒い犬を見て、第一次越冬隊員だった大塚隊員はクマかゴロだと思った。あとの便で飛んできた犬がかりだった北村泰一隊員でさえ、クマかモクかと思ったほどわからなかった。クマ、モク、ゴロと呼んでいるうちに「タロ!」と呼んでみるとシッポが動いた。「そうか、すると、おまえはジロだな!!」と、もう一とうにはなしかけると、前足と胸に白い毛がまじっている犬が右の前足をあげた。これはジロのいつもの癖《くせ》で、そこではじめて〈タロ・ジロ〉と、わかった。

十五頭の運命《うんめい》

国民のなかには、その悲しみを、はやくから心配していた者もあった。

一九一〇(明治四十三)年十一月二十九日、東京の芝浦港《しばうらこう》を出発して、大和雪原《やまとせつげん》に大日章旗《だいにっしょうき》を立てた白瀬隊《しらせ》も、三十頭のカラフト犬を氷原に残して帰っている。

三十頭の犬をつれて帰るだけの食料がなかったのだ。

二十七人の隊員でさえ、空腹《くうふく》にたえて帰ってきた。

南極一番乗りをしたアムンゼンにしても同じような記録を残している。

——しかし、それから、時代は四十六年もたっている。

科学も進歩した。白瀬隊長以下二十七人の隊員を乗せた〈開南丸《かいなんまる》〉は、わずか二百トンという小船であった。

それに比べて、あらゆる科学の力をそなえた〈宗谷〉は、二千六百トンである。たいへんなちがいだ。そのうえ、砕氷能力《さいひょうのうりょく》が一メートル(第一次のとき)もある。

食料も、じゅうぶんに積んで行けるだろう。白瀬隊のときと同じことをくりかえすとは考えられない。

だが、未知の世界、南極には、科学の力にまさる大自然の恐怖《きょうふ》がある。いざとなったら、犬よりも人間の生命を尊《たっと》ぶのはあたりまえだ。

クサリにつながれたカラフト犬

そう考えていくと、声なき勇士《ゆうし》、カラフト犬に愛情《あいじょう》が深まっていく。

「犬を殺さないでください」

「犬を、必ずつれて帰ってください」

「犬の食料がたりないでしょう。これを持って行ってください」

カラフト犬を守る運動は、日に日にさかんになっていった。犬のために、千羽ヅルを折る人びとの数も増してきた。予算がたりなくて犬の食料が少ないのでしょうと、ペミカンの箱をとどけにくる人もいた。

こうした人びとに守られて、カラフト犬は第一次越冬のために南極に向かった。赤道《せきどう》の苦しみを越え、そして、南極の氷原を走った。

雪上車《せつじょうしゃ》の案内《あんない》もつとめた。そればかりか、科学の力を集めた雪上車が、

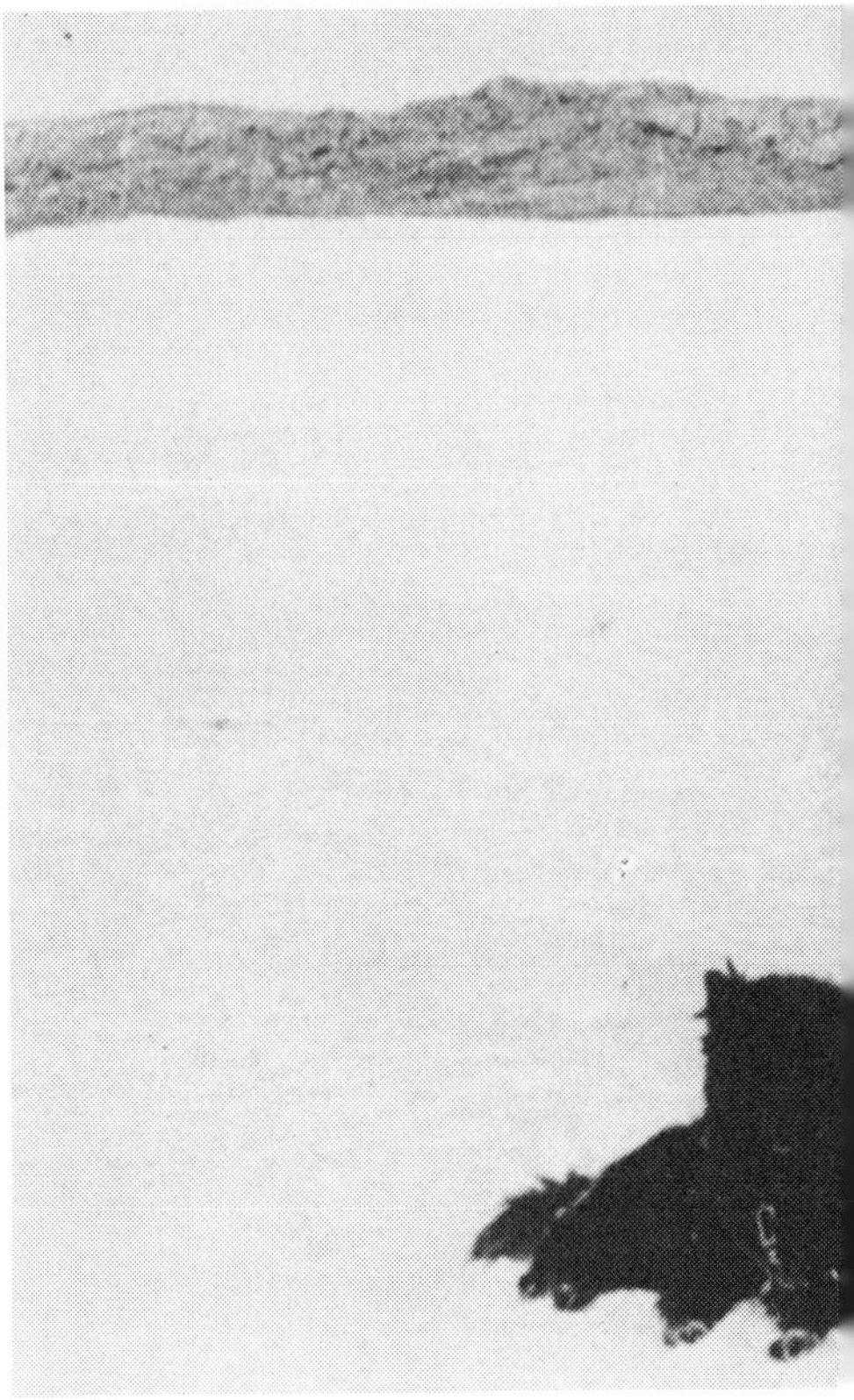

動かないときは、大切な目的のために、犬ゾリ隊が南極大陸を走った。

　一年間の越冬中、十一人の隊員の心もなぐさめた。苦しみも喜びも、ともに過《す》ごした。

　しかし、結果は、悲しみとなって表れた。

「十五頭の犬をどうするのだ！」

「むごい人間たちは帰ってくるな」

「約束を忘れたのか。うそつき！」

さわぎが高まるにしたがって人びとは、なぜカラフト犬をつれて行ったのだろうかと考えるようになった。

科学者のグループのなかには、カラフト犬がいなくても、雪上車だけあればいいと、主張する人もいた。

「いや、どんなに科学が進歩しても、南極にはカラフト犬が必要だ」

と、言い切る人もいた。それは、昭和三十年の夏のことであった。

氷原に残された十五頭の運命《うんめい》は、このときに左右された。しかし、科学者のなかには、だれひとりとして、白瀬隊のときと同じことをくりかえすかもしれないと思った者はいなかった。すべて、科学的に計算されていると信じていたからである。

　それよりも、犬をつれて行くかどうかという問題のほうが、はるかに大きな問題となっていた。

カラフト犬

そんな問題がくりかえされているとき、京都学士山岳会《きょうとがくしさんがくかい》から日本学術会議《にっぽんがくじゅつかいぎ》に、西堀栄三郎博士《にしぼりえいざぶろうはくし》が、南極観測隊副隊長（昭和基地の越冬隊長）としてすいせんされた。

西堀博士は、予算内容《よさんないよう》を見て、まっ先に犬のことに気がついた。

「雪上車に、絶対的な考えをよせて信頼《しんらい》することは、はなはだ危険《きけん》だと思います。実際、外国でも現在の雪上車には悩《なや》んでいます。故障《こしょう》が多く、犬ゾリの力を必要とした話をみなさんも知っているはずです」

西堀第一次越冬隊長

「よくわかりました。考えておきましょう」

日本学術会議会長の茅博士《かやはくし》は大きくうなずいた。

犬の問題はこうして、昭和三十一年の一月にようやくまとまった。

しかし、ここに、ひとつの問題があった。

それは、外国の南極探検隊が使用するソリ犬はハスキーか、サモエード犬にかぎられていた。それらの犬は、グリーンランド、アラスカ、シベリアなどの北氷洋《ほっぴょうよう》に面した地方にすむ犬で、原住民の交通の力となっていた。

菊池第一次越冬隊員

グリーンランドやアラスカに行くと、訓練された犬が、ひと組になって売られていることもわかった。

「だが、日本には、カラフト犬という立派《りっぱ》な犬がいるではないか。それをひとつ、世界に見せてやろうではないか」

と、ついに話がまとまり、カラフト犬を集めることになった。一月も終わりに近いころであった。

西堀副隊長はさっそく、カラフト犬の研究者である、北海道大学教授・犬飼哲夫博士《いぬかいてつおはくし》をたずねて、北海道へ渡った。

犬飼博士はただちに、北海道大学講師《こうし》の芳賀良一《はがりょういち》氏に協力を求め、大学山岳部の学生たちがたちあがった。

さらに、札幌に住む極地《きょくち》研究家・加納一郎《かのういちろう》氏も協力してくれた。

北海道庁も、道内各地の保健所に、カラフト犬として登録《とうろく》されている数と、優秀《ゆうしゅう》な犬をすいせんしてくれるように依頼《いらい》した。すると、約千頭のカラフト犬が道内にいることがわかった。

西堀副隊長は、犬ゾリの準備に、隊員候補者のなかから菊池徹《とおる》隊員を選んだ。

「菊池、頼《たの》んだぞ」

と、言い残して、東京へ帰って行った。

三月末には、優秀な犬三十八頭を選んで、稚内《わっかない》の訓練所《くんれんじょ》に集めた。

「さあ、訓練だ」

少年のころ、菊池隊員は犬ゾリに乗って氷原を走るというあこがれをいだいていた。その夢《ゆめ》が、いま、現実となって表れたのだ。

「工業技術院《ぎじゅついん》地質《ちしつ》調査所《ちょうさじょ》の先生が、犬係になるなんて」

と、笑う者もいた。しかし、地質調査をする人は歩くのが商売《しょうばい》だ。菊池隊員はその地質屋さんだ。犬との関係は、どうしても深くなる。そればかりではない。少年時代の夢の実現に、大きな喜びを感じていた。

きびしい訓練はつづいた。ソリは、何回もつくりなおされた。

三十八頭のうち、南極へ行く二十頭が選ばれた。

そのころ、観測船〈宗谷〉は、十一月の出港のために大改造されていた。

東京港をあとに

九月三日には、南極予備観測隊員の氏名が日本学術会議南極特別委員会から発表された。隊長・永田武、副隊長・西堀栄三郎、以下五十一人の氏名が、四日の新聞紙上に発表されると、国民の胸《むね》はおどった。

日本観測隊の観測地点は、東経《とうけい》三十度と四十五度の間に決められ、そこにはリュツォウホルム湾があり、プリンス・ハラルド海岸があった。

一七七三年、南極にはじめて近づいたイギリスの探検家《たんけんか》ジェームス・クックが、発見した水路で、南極大陸沿岸《えんがん》のなかでも調査資料《しりょう》の少ないところである。

一九三七年、ノルウェーの探検家、ラルス・クリステンゼンがトースハフン号で近づき、前進をはばまれた氷原を飛行機で飛び越え、地はだの現れた陸地を撮影《さつえい》して、ノルウェーの国旗《こっき》を落としただけの地点でもあり、ノルウェーの皇太子《こうたいし》の名をとってつけられたプリンス・ハラルドは、まったく、未知《みち》の世界であった。

一九三七年のラルス・クリステンゼンまで、七回も探検家がその岸へ向かったが、いずれも氷にさえぎられて、近づくこともできなかった地点である。

そればかりではない。日本からは最も遠いところである。

昭和三十一年十一月八日、ついに第一次南極観測越冬隊出港の日がきた。あざやかに化粧《けしょう》された〈宗谷〉の下で、出発を祝《いわ》う盛大《せいだい》な式がおこなわれた。

空には飛行機が飛びかっていた。岸壁《がんぺき》には、見送る人の波がゆれている。日の丸の小旗《こばた》が、ちぎれんばかりにふられている。バンザイの声に、ドラが鳴った。アメリカ、イギリス、ソ連、フランスなど、十ヵ国の科学オリンピックの幕《まく》が切って落とされた。

五色のテープが、さっと飛びかわされた。十一時、〈宗谷〉は東京港晴見岸壁《はるみがんぺき》を離れた。

バンザイの声が、どっとあがった。その群衆《ぐんしゅう》のなかに、白瀬隊生き残りの勇士、多田恵一《ただけいいち》氏もいた。四十六年前の思い出が老《お》いた心のなかに浮かんだ。忘れられない感激《かんげき》がどっと胸の底からわいてきた。

その群衆に向かって手をふる、〈宗谷〉船上の若き隊員たちの目には、きらっと涙が光っていた。

「がんばれよ!」

「元気でねえ!」

「おとうさあん!」

と、さけぶ声のなかに、

「ワンちゃん、しっかり頼《たの》むわねえ!」

と、カラフト犬への声援《せいえん》までみだれ飛んでいた。

五十三名の隊員と七十七名の船員、それに二十頭のカラフト犬、一匹《ぴき》のネコ、二羽のカナリヤを乗せた〈宗谷〉は、一路《いちろ》、白い大陸へ向けて、二万二千キロの海の旅路《たびじ》についた。

その海のかなたには、〈宗谷〉より先に出航《しゅっこう》した〈海鷹丸《うみたかまる》〉が、南支那海《みなみしなかい》の波にもまれていた。

〈宗谷〉船上のカラフト犬

〈宗谷〉はしだいに船足をはやめ、二十三日にはシンガポールに入港した。

さらに、インド洋を南下、赤道を越えてケープタウンに向かったが、赤道を越えるときには、摂氏《せっし》三十五度にも温度があがり、風通しの悪い船内はムシブロのように暑くなった。

「これはかなわん。別荘《べっそう》へ行ってくるかな」

と、言って、乗組員たちは犬小屋へ出かけた。カラフト犬は暑さに弱いので、犬小屋には特別《とくべつ》に冷房装置《れいぼうそうち》がついていた。

「おれも、犬に生まれてくればよかった」

と、言って笑い出すしまつだ。

それればかりではない。犬の人気はたいへんなものであった。

〈宗谷〉は〈海鷹丸〉とともに、十二月十九日ケープタウンに入港した。ここでもカラフト犬は、人間よりも人気があった。新聞には隊長の顔よりも大きく写真がのった。その写真の下には、〝南極の英雄〟とまで書かれていた。

そのさわぎをあとに、〈宗谷〉はケープタウンを出港した。そして暴風けんに入った。長い航海で、すっかり運動不足になっているカラフト犬は、小屋のなかで、右へ、左へすべっていた。

《ほえる四十度》

《くるえる五十度》

と、昔からおそれられている暴風けんに、四日四晩、〈宗谷〉は木の葉のように、もまれた。犬は、すっかりまいってしまった。

そんななかで、昭和三十二年の元旦《がんたん》をむかえた。

年賀電報《ねんがでんぽう》が、どっと着いた。そのなかに、カラフト犬への電報もたくさん入っていた。

その電報を手にした犬係の小林隊員は、自分のことも忘れて犬小屋へ飛んで行った。

「シロ、リキ、デリー、クマ、タロ、ジロ。おまえたちの健闘《けんとう》を祈《いの》って、日本から電報が、こんなにきたぞ——いいか、読むぞ」

犬たちはオリから顔を出して、小林隊員の顔を見つめた。

「シンネンオメデトウミンナガンバレ…」

電報を読む声がふるえている。先導犬《せんどうけん》リキが、するどい目で、小林隊員の光った目を見つめていた。

一歳のタロ、ジロの兄弟犬《きょうだい》は、そんなことはおかまいなしに取っ組みあっている。

この、タロ、ジロが、一年間、無人の昭和基地で生きぬこうとは、だれが予想していたであろうか。

オングル島へ

〈宗谷〉は、七日十九時二十分、ついに待望の浮氷域《ふひょういき》に突入した。ただちにヘリコプター一〇六号機が偵察のために飛んだ。その報告によると、約四十マイル、すなわち東京から大磯ぐらいまでの距離は、〈宗谷〉の力で進めることがわかった。

流氷の厚《あつ》さは水面上約三十センチ、水面下一メートルぐらいだ。

一月十八日ごろから、〈宗谷〉の行く手をはばむ流氷がしだいに多くなってきた。いったん後退して、力をつけて砕氷《さいひょう》前進する難航《なんこう》がつづいた。

氷の間に、ところどころ顔を出している海は、よどんだ沼《ぬま》のように青い。静かだ。沈黙《ちんもく》の世界を〈宗谷〉は進んで行く。

「おお、山だ、山だ、山が見えるぞ！」

ついに、南極大陸を見ることができた。東京を出てから六十四日目のことである。

関東平野の筑波山《つくばさん》ににたその山は、エンダービーランドの、ネピア山脈中にある高峰《こうほう》で、高さ千五百二十メートル。

そのとき、偵察《ていさつ》から帰ってきた航空隊員が、流氷原のなかに無氷海面があることを報告した。

十九日、〈宗谷〉は、その大きなオープンシーのなかに入り、スクリューを止めた。

白夜《びゃくや》のなかに、南極大陸がくっきりと浮かびあがっている。その、どの地点に基地をもうけるかを決めるため、空からの偵察がつづき、二十一日には、候補地ラングホブデに飛び、空から日の丸を投下《とうか》した。

〈宗谷〉はリュツォウホルム湾の奥へ約十五キロ前進した。一日、一日の天候の変化で、砕氷の必要もなく、前進できるときもあるのが南極の海のすがただ。

午後、ふたたび止まった。ヘリコプターは松本船長、永田隊長、西堀副隊長らを乗せて、いく度も大陸へ飛ぶ。基地を一日もはやく決定して、着岸《ちゃくがん》しなければならない。南極の冬ははやくくる。その短い間に、越冬に必要な物資を輸送しなくてはならない。

その先導《せんどう》をうけたまわる犬ゾリ隊が、はじめてのテストをおこなった。

雪の野におろされると故郷《こきょう》を思い出したのか、カラフト犬たちは思いきりはしゃいだ。そのため、一頭一頭を引きづなにつなぐのに、思いがけない時間がかかった。そればかりではない。長い航海に、いままでの訓練を忘れ、引っぱったり、止まったりすることさえ、覚《おぼ》えていないようだ。

「どうしたんだ」

と、聞かれても、犬係の菊池、小林、北村隊員らは、だまってニッコリ笑っているだけであった。

「おれたちより、りこうなんだ。今日は遊びか仕事か、ちゃんと知っているんだ」

と、言って笑ったものの、いつしか真剣《しんけん》な気持ちになってきた。すると、ふしぎに犬たちも氷原のかなたをぐっとにらみ、与えられた任務《にんむ》に、ぶるっと身をふるわせた。

「トウ！」

オングル島へ向かう犬ゾリ隊

走れのひとことで、先導犬のリキが氷原をけった。

「カイ！」ソリは右へ進んだ。

「チョイ！」

と、さけべば左へ進路を向けた。

「トウ、トウ！」

南極の風をあびて犬も人も喜びを感じた。ソリは快調《かいちょう》に氷原を走った。少年のころ、夢のようにえがいた勇しいすがたである。夢は実現した。望みをいだけば必ず実現されることをしみじみと味わった。

「ブライ！」

力づよい声にソリは止まる。犬たちは、はげしく胸を波立たせた。

〈宗谷〉は前進するための爆破作業《ばくはさぎょう》をつづけ、ついに、青氷のふちに接岸した。昭和三十二年一月二十四日の昼すぎであった。

プリンス・ハラルドのいちばん近い岸まで二十三キロもある。まして、氷原のなかだ。接岸という言葉がピンとこなかった。しかし、この地点が終着地《しゅうちゃくち》とは決められない。天候を待ち、できればもっと大陸へ近づきたい。だが、そんなことを、のんびりと待ってはいられない。

十七時三十分、オングル島への輸送調査のため、二隊の犬ゾリ隊が編成されて出発した。

血しぶきをけって

オングル島まで二十キロあまりの道を、パドルとザラメ雪に悩《なや》まされながら、村山隊員をリーダーとする犬ゾリ隊と、渡辺隊員をリーダーとする犬ゾリ隊が必死《ひっし》に走っていた。

「トウ、トウ！」

勇ましいかけ声にオングル島へ、一年越冬する基地へ一秒を急いだ。

先頭を走るリキ、もんべつのクマは、年をとっているが、りこうな犬だ。道の悪いところはよけて走る。

だが、その行く手には恐ろしい青氷地帯があり、前進をさまたげた。その雪どけの白い泥沼《どろぬま》にぶつかると、人は荷物をかつぎ、犬は泳いで渡った。人も犬も全身びしょぬれになって前進した。

パドルを通りすぎると大きな氷の割れ目がふたたび前進を止めた。一月二十五日の昼のことであった。

携帯用《けいたいよう》の無電機が、トンツー、トンツーと音をたてている。

『――氷状《ひょうじょう》悪し。水たまりに足をとられ、腰《こし》から下、びしょぬれ。雪上車の使用は、こんなん――』

その横では、半月ぶりの労働《ろうどう》に、足の裏《うら》を痛《いた》めた犬たちが鼻を水面にすりつけて、ねそべっている。

水平線に〈宗谷〉の影《かげ》が浮かんで見える。〈宗谷〉から十一キロ走った地点だ。そこにテントが張られた。

だが、休むことはできない。菊池、村山、渡辺、戸谷の四隊員はソリと犬を残して割れ目を渡り、オングル

パドルになやむ犬ゾリ隊

オングル島へ向かう雪上車

島へスキーで走った。

風はなく、手袋《てぶくろ》もいらない。シャツ一枚になってスピードをはやめた。

四人はオングル島の手前にある小さな島（あとにヒョーリキ島とよんだ）にたどり着いた。

夜も深まったころ、四人はキャンプに帰った。オングル島へ行く計画がたてられた。

翌日《よくじつ》、AとBの二チームの犬ゾリ隊はオングル島へ出発した。

一方、村山隊員はスキーでひとり、〈宗谷〉へ走った。出発してくる雪上車の道案内をするためであった。

十六時三十分にはオングル島へ向かった犬ゾリ隊は、ついに上陸に成功した。オングル島一ばんのりだ。

〈宗谷〉からオングル島まで、直線距離で十六キロある。しかし、まっすぐ行くことはできない。パドルやクラックがあるからだ。

二十六日二十二時ごろ――、一台の雪上車がアザラシの穴に落ちかけた。

「あっ！」

村内隊員が雪上車からころげ落ちた。あやうく穴《あな》に落ちるところであった。アザラシの穴は、底《そこ》なしの穴である。のぞく隊員たちの、ひざが、ガクガクとふるえた。村内隊員の顔から血のけが引いた。

雪上車は犬ゾリ隊のキャンプ地に着き、さらに、南へ進んだ。

空から案内役をつとめた永田隊長も、二十九日には雪上車に乗りこんだ。パドルに落ちると、雪上車から飛びおりて、荷物をかついだ。こうした苦労をつづけながら、ついにオングル島に到着した。

昭和三十二年一月三十日、歴史的《れきしてき》に記念すべき日をむかえた。

南極の時間で、二十九日二十時五十七分、リュツォウホルム湾東岸のオングル島東北部を、主要基地《しゅようきち》とすることを公式《こうしき》に発表した。つづいて、二十一時十五分、日本時間で三十日三時十五分、歴史的に記念すべき大日章旗が立てられた。そして、この基地を『昭和基地』と命名《めいめい》した。

電波は世界に飛んだ。号外《ごうがい》は鈴の音とともにまかれた。

白瀬隊が大和雪原《やまとゆきはら》と命名した感激《かんげき》が、ふたたび日本全土をおおった。

その日から昭和基地では、荷物輸送が寝ずにつづけられ、まず、建物が立てられた。

基地には四棟《むね》の建物が立った。丘の下手《しもて》に発電家屋《かおく》、上手《かみて》に無電家屋、南側に第二居住《きょじゅう》家屋。その建物と建物をつなぐ廊下《ろうか》は、荷物のあき箱を積み重ねてつくられた。内側に食料が入られるようになっている。アメヤ横丁《よこちょう》、ジャング街《がい》などと名前がつけられた。

建物のかげに、机ひとつがあるだけの『宗谷郵便局昭和基地分局』が開かれた。

内地から持ってきた十三万通の郵便物に記念スタンプを押すのは局長の大瀬隊員である。汗《あせ》だくでスタンプを押している局長さんのすがたを犬たちは雪の上にねそべってながめていた。

そのとき、重大ニュースが伝わった。昭和基地にいた者は手を止めて思わず〈宗谷〉の方向を見つめた。

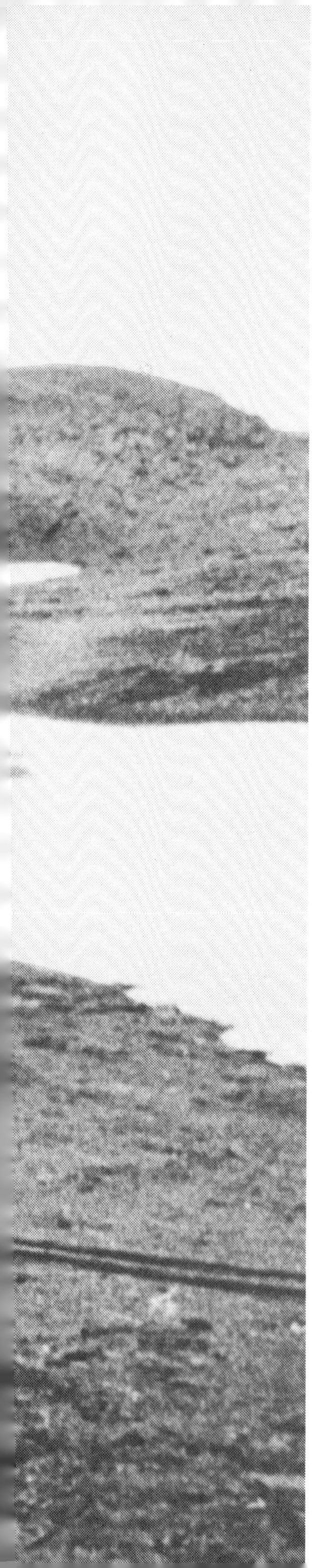

オングル島に上陸，「昭和基地」と命名

消えた氷原《ひょうげん》

〈宗谷〉の船首をつつんでいた氷が、音もなく、とつぜん動きだした。

その上に乗っていたドラムカン、犬のオリ、ソリ、犬の食料の一部が沖へ流された。人間の力をあざけるように、ぐんぐん沖へ流していった。人間の力では、どうすることもできない。

氷山デポとよばれている安全地帯に荷物を必死にうつした。

氷原に積んである荷物をひとつでも多く昭和基地へ運びたい。しかし、離岸の時期をのがすと自由を失う。

十一人の越冬隊と、十九頭のカラフト犬を残して〈宗谷〉は氷原を離れた。

別れの汽笛が、太く、長く流れた。

昭和三十二年二月十五日、十三時三十分——。

〈宗谷〉の甲板から五色のテープが飛んだ。航海中、ハッチから落ちて大ケガをした**ミネ**と、老犬**トム**（六歳）と、病気がちの札幌の**モク**の三とうが甲板の上からしきりにほえている。日本へ帰されるのがくやしいのだ。別れを告げる人びとの胸に、『ホタルの光』の曲がさびしくしみこんでいった。

「さようなら！」

「元気でいろよ！」

人びとの声に合わせて、犬たちもほえていた。テープが次第にのびて、やがて、海に尾を引いていった。十一人の越冬隊員は、氷原に力づよく立って手をふっていた。が、船の舷《げん》側に、しょんぼりと立っているひとりの男のすがたを発見すると、手から力がぬけてしまった。

〈宗谷〉から脱走しようとした男、それは――小林年であった。

犬好きで、出発前から犬と生活をともにしてきた男だ。船のなかでは、特に犬小屋につききりで犬のめんどうをみていた。まさか、越冬からもれるとは思っていなかった。

発表があると、彼は、ひそかに脱走計画をくわだてた。離岸寸前《りがんすんぜん》、氷原に積まれている荷物のかげにかくれて越冬に残ろうと考えたのだ。〈宗谷〉が離岸してしまえば、まさか、船をもどすまいと思っていた。だが、その計画は、同じ北海道大学の出身《しゅっしん》である先輩《せんぱい》の菊池、中野隊員らに発見されてしまった。

「むちゃなことをするな。次の機会《きかい》がある。いま、信用を失ったら、それこそ、たいへんだぞ」

と、なぐさめられて、ついに断念したのである。

「かわいそうな男だ――」

中野隊員の静かなひとことに、十一人の隊員は胸を打たれた。

夕刻、五時三十分、昭和基地に帰った。建物が立っているだけで、まわりには、品物がちらばっている。

吹雪《ふぶき》がしだいに強くなってきた。基地第一夜は、静かにふけていった。

いよいよ十八日から輸送が開始された。九時五十五分、第一号雪上車に立見、村越、北村、藤井、それに菊池が乗って接岸地まで出発した。〝バタヤ〟とよんで、残っている重要な荷物を基地へ運びこむのである。

パドル地帯は、日に日に寒さでかたくなり、前進を止めるものがなくなった。

接岸地には、すでに〈宗谷〉のすがたはない。隊員は、しばらく、海のかなたに目を向けていた。そのかなたの氷海のなかで、〈宗谷〉は氷にとざされて、すっかり自由を失っていた。後退しては氷にぶつかり、脱出をこころみていた。

離岸してから二日目、はやくも大自然の恐怖《きょうふ》にさらされた。はるか北の水平線には〈海鷹丸〉の二本のマストがはっきりと見える。大きくゆれているので、外洋《がいよう》のうねりがわかる。

二十二日には、ついに外国船に〈宗谷〉の助けを求めた。アメリカの〈グレイシャー号〉は二週間はかかると返事があった。最悪《さいあく》の場合、氷原のなかで、〈宗谷〉は越冬も覚悟《かくご》した。

二十五日には、ソ連の〈オビ号〉から返事がきた。〈オビ号〉の位置は〈宗谷〉から約一日半くらいのところにいることがわかった。さっそく、救援《きゅうえん》を頼《たの》んだ。

二十八日十四時には、はやくも外洋にいる〈海鷹丸〉と接近する〈オビ号〉のすがたが見られた。

「オビ号だ――オビ号だ！」

〈宗谷〉の甲板は火のついたようなさわぎになった。

すべての連絡《れんらく》がとれた十七時、〈オビ号〉は氷原に突入してきた。なんの苦もなく十九キロの距離を進んでくる。まことに、ふしぎに見えた。〈オビ号〉の力は〈宗谷〉の十倍ぐらいある。氷原突入のスピードの差は三・七キロと、〇・八キロの差がある。十九時二十分には〈宗谷〉に近づき、まわりの氷を割ってくれた。

目前に見る現代科学の力を、〈宗谷〉船上では悲しく見つめていた。救われた喜びより、科学者には科学者の心があった。

〈宗谷〉は〈オビ号〉のあとにつづいて外洋に出た。その間、わずか二時間たらずである。十七日から二十

大切な荷物とカラフト犬

八日まで苦しみつづけた〈宗谷〉と比べて、あまりにも、かけ離れたすがただ。

昭和基地に大日章旗を立てたという号外に、感激の涙を落とした日本の人びとも、まったく、あぜんとしてしまった。

そればかりではない。つづいて発表された重大ニュースに国民の胸はふるえた。〈宗谷〉接岸地点附近《ふきん》の氷原が、一夜にしてすがたを消してしまったというのである。

昭和基地で、その知らせを聞いた西堀隊長はじめ全員は、顔色を失った。

「これじゃ、重要な荷物がなくなっています」

と、発言した中野隊員の声はふるえていた。

「すぐ行こう。残っている荷物をはやく運ぼう。大切な荷物だ。全国民のみなさんからの愛情のこもった贈りものだ。急ごう！」

立ちあがった西堀隊長の額《ひたい》に青い太い線がピリピリッと動いた。

青い海

　三月十一日の朝から、猛烈《もうれつ》なブリザード（吹雪《ふぶき》）が襲来《しゅうらい》してきた。この雪あらしに、食事の材料を外の冷蔵庫《れいぞうこ》まで取りに行く砂田隊員は、一メートル進むのに、内地の四キロくらい行くのと同じだと、こぼしていた。

　十三日、十四日とつづいた南極の暴れん坊は、十四日、非常ベルを鳴らす結果となった。

「たいへんだ！海ができたぞ！」

　と、さけぶ村越隊員の大声が、全員の耳を引きつけた。

オングル島と大陸の間にできた青い海

「な、なにっ、海がどうしたというのだ?」

と、外に出てみると、意外な風景に、「あっ!」とさけんでしまった。オングル島と、大陸の間に、白い波が立っている。昨日までの白い平原が、青々とした海に変わっていた。波が氷岸をたたいている。

「これはいかん。隊長、冷蔵庫の危険をはやく救ってください」

と、昭和基地のおかあさん役である砂田隊員がどなった。

多くの食料が基地のまわりの氷原にうずめてあるのだ。

「食料を流されては一大事だ!」

大きな穴を掘って、そのなかに入れてあるだけだ。みんな真剣《しんけん》に掘り出して安全な場所へうつした。

訓《くん》練《れん》開《かい》始《し》

西堀越冬隊長は、春になってからおこなう大陸旅行の計画をたてていた。

その旅行にそなえて、犬の訓練《くんれん》がはじまった。太陽の出ない時期がくる前にと、菊池、北村隊員らは張りきった。

犬は、北海道の稚内《わっかない》で受けた正しい訓練をすっかり忘れている。長い航海で忘れたのではなかった。南極のような大氷原を走る訓練を、はじめから、していなかったとも言える。訓練のやりなおしがはじまった。

その訓練は、軍用犬《ぐんようけん》や、警察犬《けいさつけん》の訓練とは、だいぶちがっている。

まず、最も大切なことは、『ブライ』である。ブライとは、止まれという意味だ。だが、走っているものが、ただたんに止まるということだけでは、落第である。『ブライ』の号令で、一たん止まった犬たちは、『トウ』という出発の命令がくだるまで、止まった場所から、絶対に動いてはいけないのだ。

『ブライ』の号令から、『トウ!』と号令がかかるまで、何分、何時間かかるかわからない。隊員たちには仕事がある。その間、犬たちはさわがず、動きまわらず、ケンカをしないで待っていなければならない。そうでなければ、隊員たちは安心してほかの仕事につけないのだ。

『ブライ』の訓練はいちばんきびしい。頭のよい犬、すなおな犬はすぐに覚《おぼ》えるが、そんな犬ばかりはい

先導犬シロ

ない。わかっていても、動く犬、もの覚えのよくない犬もいる。

これらの犬を訓練するには、根気《こんき》がいる。

幸い、犬たちは何時間でも、『ブライ』を守るようになった。

第二の訓練は、先導犬《せんどうけん》がまっすぐに走って行く訓練である。

まっすぐ走ることは、むずかしいことだ。

完全に覚えたのは、シロだけであった。そこで、シロを先導犬にした。

次に、右へ、左へまがる訓練をする。『カイ』が右へ――。『チョイ』が左へ――。

犬のくせを知って、きびしい訓練がつづいた。

そして、最後に、すべての犬が力を合わせて走る集団訓練にうつる。

力を合わせなくては、重い荷物を積んだソリを引くことはできない。

この訓練で、タロ、ジロも一人前になった。

犬の体重がへる

〈宗谷〉が東京に帰ったニュースを聞いて、越冬隊員はシューンとなった。

「帰ったか――よかった、よかった」

と、言いながらも外へ出て行く者もいる。

「おお、すばらしいオーロラだ!」

と、言う声に、みんなどっと外へ飛び出して行った。

東北から南西にかけて、空全体にすばらしい光線が舞《ま》っている。サーチライトのような直線。帯《おび》のような線。明るいものや、うすいものが、音をたてて動いているように思える。頭上《ずじょう》にくるころには、オーロラの帯は渦《うず》を巻《ま》き、そして、のたくって、乱舞《らんぶ》して消えていく。ふしぎな大自然のいたずらである。

美しい南十字星が、静かな空のかなたに見えた。

オーロラ

犬の体重測定

太陽は朝の十時ごろ東北の方向から出る。日の入りは十四時、北西に入る。冬ごもりが近づいてきたようだ。まもなく十一時に出て、十三時すぎには沈《しず》むようになった。暗い日が多くなってきた。

五月三十一日、太陽とお別れの日がきた。

十二時三十五分ごろ、太陽は、ちょっと顔を出すだけであると北村隊員が話した。

それほど感傷的《かんしょうてき》にもならず案外平気《へいき》なものだ。全員整列《せいれつ》して太陽とお別れの会を開いた。

白夜《びゃくや》がつづいた。

ヒヤシンスの芽《め》が、もう十五センチにのびた。

ネコのタケシが、隊長がかわいがっているカナリヤのタマゴを十二個も食べてしまった。

いやな空気がつづく。暗い気持ちだ。それだけではない。犬の体重を調べてみたらへっていることがわかった。隊長は食料をもっと増やすように命令《めいれい》した。

火事だ！

太陽は、七月十三日から出はじめた。そして、七月二十四日の朝がおとずれた。

ふと、目をさました西堀越冬隊長の耳に、

「火事です！」

と、いう声が聞こえた。

「なにっ、火事？」

まさか――と思っていると北村隊員が顔をまっ黒くして、

「先生！」

と、飛びこんできた。

「どうしたんだ！」

するどい質問をあびせながら、隊長は防寒服《ぼうかんふく》をまとった。

「カ、カブースが…」

北村隊員の声はふるえていた。

サイレンが、けたたましく鳴った。

隊長は横飛びに外へ飛び出した。移動観測小屋（カブース）が炎《ほのお》につつまれている。

「あぶない！　ドラムカンをどかせ！」

「犬を、犬を安全地帯にひなんさせろ！」

カブースにいちばん近いドラムカンが爆発寸前《ばくはつすんぜん》に、ふくれあがっている。

中野隊員が勇敢《ゆうかん》にもそのドラムカンに近づいて雪を乗せた。大塚、佐伯隊員がそのあとにつづいた。ドラムカンがゴロゴロと、ころがされて火から遠ざけられた。

カブースのなかで、軽油《けいゆ》の小さいカンがポンポンといくつか爆発した。東南の風が、静かに黒い煙《けむり》をアンテナの柱《はしら》に吹きつけている。

消火力《しょうかりょく》のないままに、七時三十分、火は消えた。犬たちがしきりにほえている。

暗い朝だ。顔に軽い火傷《やけど》をした北村隊員が泣《な》いている。

いく日も、いく日も、徹夜《てつや》をしてつくったオーロラの資料が、一瞬にして消えてしまったのだ。全体の損《そん》害《がい》は、たいしたことはない。しかし、その資料はお金では買えぬものだけに心のいたでは大きい。北村隊員は、昨夜からずっと、徹夜をしてオーロラの観測をしていた。夜が明けると送電がはじまった。そこで、観測を打ち切って、休もうと思った。

軽油ストーブの火を消すために、油のコックをしめた。残りの油が燃えきらぬうちに、煙突《えんとつ》につまったススを取って外へ捨てに行った。

「そのときです。煙突が急に火力をすいこみ、とつぜんボンと音がしました。見ると、ストーブから火が吹き出て、床《ゆか》にこぼれていた油に引火《いんか》したのです」

と、出火原因《しゅっかげんいん》を報告する北村隊員の顔は、青ざめていた。その声は、まだ、ふるえていた。

「私は、すぐ、そなえつけの、ドライ・ケミカルの消火器《しょうかき》に飛びつきました。火はまだ、それほど広がってはいませんでした。ひとりで消し止めようと思ったのです。ところが、消火器が活動しませんでした」

消火器さえ動いてくれれば一大事にならなかったのだ。これが、カブースでなく建物だったら、はたして、どうなっていたであろうか。通路から通路へ火はのびて、基地は全焼《ぜんしょう》したかもしれない。と、思うと、思わず、ぶるっとふるえる。

隊長から、火の用心について訓辞《くんじ》があった。この火事さわぎで、ほとんどの消火器は使いはたしてしまったので、消火に対しての武器《ぶき》がなくなってしまったのだ。防火用水は役に立たない。それなら、これからは絶対に火を出さぬことと結論《けつろん》が出て火事さわぎは終わった。

「あぶなかったな――」

と、犬と話しながら、菊池隊員は食事を与えていた。

八月は主に、犬ゾリによる小旅行《しょうりょこう》をやることになっているので、犬の食料調査がおこなわれた。少したりないことがわかった。十頭のアザラシを、十一月のなかばまでに捕《と》らねばならぬということになった。

八月に入り、小旅行の計画がまとまった。

八日、まず、その第一日のトップをきって、菊池、北村、砂田の三隊員がオングル島一周《いっしゅう》旅行に出かけた。小さい島々をまわって、犬がどのくらい走れるかということを調べるのが、第一の目的であった。

朝、出発して、十五時半には帰ってきた。犬は元気であった。そこで、次の日はルパン島まで走った。

こうして旅行の距離をしだいにのばしていった。そして、春になって、はじめての外泊旅行《がいはくりょこう》をする十二日

犬の食料・アザラシを捕らえる

をむかえた。午前九時、中野、佐伯隊員からなるペンギン生態《せいたい》調査《ちょうさ》隊を、ユートレ島まで送りとどける任務《にんむ》をおびて犬ゾリ隊は出発した。菊池、北村隊員は十五頭の犬をあやつり、南下して行った。

出発のときは、どんよりくもった程度の天気であったが、南下するにしたがって、しだいに視界が悪くなってきた。正午、シガーレン島の西側を通過したところは、前進があやぶまれるほどの天気になった。

十四時三十分、四人は、島の南側の入江《いりえ》らしいところに入りこんだ。下はガリガリの海氷で、その上にやわらかい雪が五センチぐらい積もっていた。ガスは濃《こ》く、視界は二、三百メートルしかきかない。チラチラ粉雪《こなゆき》が降ってきた。

「こいつは、あやしいぞ。はやくキャンプにしようか」

「もう少し入りこんで、雪の多いところにテ

犬ゾリでオングル島一周旅行

ントを張ろう」

と、佐伯、菊池隊員が話し合っているところに、キャンプ地を偵察に行った中野、北村隊員が帰ってきた。

「もう少し先に、いいキャンプ地があるぞ」

「そうか――」

菊池隊員が軽くうなずいたとき、とつぜんピューッと不気味《ぶきみ》な音が頭上をおそった。

「あっ！　ブリザードだ！」

体が、あっぱくされるようだ。ユートレ島の上から、まっ黒な雲のようなブリザードが、地上をかすめてやってくる。

「きた、きたぞ！」

その瞬間、吹きまくるブリザードに四人と十五頭の犬はたちまち巻《ま》きこまれてしまった。

ソリの上に乗せてあったマットがすっ飛んでしまった。

「あっ、座布団《ざぶとん》が……」

と、さけんだが、どうにもならない。

「これじゃテントも張れない。もう少し先に行こう」

あらしのなかの前進がはじまった。だが、百メートル進むのに、長い時間がかかった。

苦闘《くとう》一時間――ついに、四人はテントを張ることに成功した。

犬たちは氷上にうずくまって、雪を頭からかぶっていた。暖かそうに見えた。菊池隊員がマッチをすって、油に火をつけた。おなかが、グーグー音をたてている。こうして第一日が終わった。

二日目は、お楽しみのペンギン調査に出かけた。だが、ペンギンのすがたを発見することはできなかった。インドレ島をまわり、長頭山の下の、池のふちでテントを張った。そのとき、リキがいなくなった。

「どうしたんだろう?」

「基地に帰ったんだろう」

十五日十二時三十分、菊池、北村隊員は、中野、佐伯隊員と別れて基地に帰った。

ソリに帆《ほ》を張って、追い風を利用したので、たった三時間で帰ることができた。帰るとすぐ基地をキョロキョロ探して歩いた。

「リキ! リキ!」

と、さけんでも、すがたを見せなかった。

「中野隊のところに、もどったのかもしれませんね」

「うん、そうかもしれないな」

その中野隊は、ラングホブデ地帯をまわるため、十八日まで帰ってこない。その日まで待つことにした。

ベックの死

隊長に旅行の報告をした。

報告が終わると、隊長は真剣《しんけん》な顔つきで、ベックの病状が悪いことを伝えてくれた。

ベックは苦しそうに胸を動かしていた。腎臓炎《じんぞうえん》だ。にょう（小便）に血がまじるので希望がもてない。

「ベック――」

と、声をかけると、チラッと、うわ目で見たが、力がない。その目のなかに、喜びを表しているだけである。注射《ちゅうしゃ》をしても、たいした効《き》きめはない。元気がしだいになくなってきた。

不気味《ぶきみ》な夜を感じた。生と死のさかいをさまようベックに目を落としたまま、時間がすぎていった。

十六日はうそのように暖かな日であった。決して暖かくなったわけではないのに、ここ、数日は春のように暖かく感じられる。明るい希望がおとずれたような気がする。

「もしかしたら……」

と、ふと思う。それは、人間がかってに思うだけで、ベックの病状《びょうじょう》はどん底に落ちていた。

「ベック！」

と、よんでも、まぶたさえ、動かさない。

カラフト犬ベック

「ベック！」

北村隊員が、ベック！ベック！とつづけざまにさけんだが、ベックは、ついに動かなくなってしまった。

——ベックは死んだ。

ベックの死。ぼうぜんと、そのなきがらを見つめていた。かみしめているくちびるに、力が入っている。

胸だけがはげしく動いている。その胸に、まだ、ベックへの愛が残っている。

「ベック——」

しばらくおいて、ポツンとつぶやいたとき、涙がぽろりとベックの上に落ちた。

かなしみにうちしずんでいた菊池隊員は、ふと、うしろに、だれかいることに気がついた。

「死んだか……」

隊長は、つまった声で、ひとこと言っただけであった。

その夜、西堀越冬隊長は、

——菊池が、ひとりさびしく、ベックのなきがらをひきずって行ったのは、見る目にもあわれであった
——と、日記に書いた。

氷原に、ベックの墓《はか》をつくる犬係のすがたを、隊長は遠くから見ていた。

昼食の鐘《かね》が鳴った。静かなひとときであった。だれも、口をきかなかった。重苦《おもくる》しい時間がすぎていった。

時計の針《はり》が十四時をさそうとしたころであった。

「あっ、お、おい、リキが帰ってきたぞ！」

と、とつぜん大きな声がした。気象観測のため、ひとりで戸外に出ていた村越隊員の声だ。全員がいっせ

カラフト犬リキ

いに外に飛び出した。

「あっ、あれは!」

と、指さすかなたに、小さく動くものが見えた。

「おお、リキだ! リキだぞ」

望遠鏡を目に当てたまま隊長がさけんだ。

「リキだ!」

一瞬、さっと基地に明るい光がさした。

「リキ!——」

と、さけびながら、菊池、北村隊員は氷原をけった。その声に、リキは弾丸《だんがん》のように走ってきた。四十キロの道をよく帰ってきた。さすがは犬ゾリの先導犬《せんどうけん》だ。

リキと二人の隊員がおもいきりかけている氷原に南極のそよ風が吹いている。その氷原の一角《いっかく》にベックの墓が冷《つめ》たく、もりあがっていた。

帰らぬヒップ

大陸へ上陸するには、どこから上陸したらよいか。雪上車は海氷の上を走れるか。それらを、たしかめるために犬ゾリ隊が出発した。八月二十八日のことであった。

食料は十日分。西堀越冬隊長、立見、菊池、北村隊員の四人は、八時五十分、昭和基地をあとにした。

十四頭の犬は霧《きり》の氷原をつっ走った。

紅茶島《こうちゃじま》の東端《とうたん》をまわるころ、霧は、しだいに晴れてきた。速力《そくりょく》はおそい。犬は重いソリにあえいでいる。

四人がソリに乗ることはできない。だれかがソリについて走っている。一人ずつ交代《こうたい》で乗ったり、四人とも走ることもある。

基地から二九・四キロの地点でキャンプを張った。

四人は食料を袋《ふくろ》から取り出して食べた。砂田隊員の顔を思い出す。四人の一日分の食料が、一袋に入っている。その袋の中には主食《しゅしょく》も、オカズも、つめ合わさっている。カンヅメは重いので、中身だけ持ってきているのだ。汁《しる》は、スープのもとでつくる。お湯《ゆ》のなかに入れればいいのだ。湯は石油コンロでわかす。

食事が終わると、安心感が加わって、つかれとともに眠《ねむ》くなる。

二十九日は、三十キロ進んだ。

すばらしく晴れた三十一日には、パッダ島へとソリを進めた。

クレバス（氷の割れ目）から、うすい水蒸気《すいじょうき》がのぼっている。暖かい。

「温泉《おんせん》だ！」

と、おおさわぎになった。

「南極温泉、ついに発見！」

立見隊員は愉快《ゆかい》そうに笑った。

「よし、たしかめてみよう」

ザイルを体にしばりつけると、菊池隊員は、その穴《あな》のなかへ入って行った。においがない。内部の温度は外より数度高いだけである。三人がつづいて入ったが、原因はたしかめられなかった。

九月一日には大氷河《だいひょうが》を発見した。デュプヴイクネーセにつづく尾根《おね》から、雄大《ゆうだい》なクレバス地帯《ちたい》を見つめた。雲がかかって、氷河の奥が見えない。みんな残念がった。しかし、大陸への上陸地点を発見して、やがて

犬ゾリ隊でパッダ島へ進む

帰りの道についた。

マイナス三十度から、マイナス三十六度という温度の日が十日もつづいた。

こんななか、長い旅行をしていると、着ているものが、しだいにバリバリになって、最後にはヨロイのようになってしまう。

体から自然に出る水蒸気《すいじょうき》や、テントのなかで温められて、とけた水分がこおりついて、バリバリしてくるのだ。身につけているものだけではない。寝袋《ねぶくろ》にしても同じことだ。寒いから、つい頭までかぶってしまう。寝袋の口が、はく息《いき》でこおりついて、一晩《ひとばん》のうちにバリバリになってしまう。

帰り道――『春の小川』という地帯にぶつかった。

春の小川とは、クラックの一種である。湯気《ゆげ》がたっている。少し温かい海水から、蒸発《じょうはつ》する蒸気が冷たい外気《がいき》にふれて、湯気をたてているように見える。

どす黒い海水面をのぞいて、隊長は例によって、調べなくてはすまないというくせが出て、足をそのなかにふみ入れた瞬間、海水に落ちてしまった。

「あっ！」

「た、隊長――」

「あぶない！」

いくつもの声がからみあって隊長はあやうく救われた。

さっと出した三人の手で空中に止まったが、半身ずぶぬれになって、隊長はネコのタケシのようにぶるぶるっとふるえた。

三日にはプレッシー・リッジ帯を走り、四日にはオングル・ザルテンに向かった。

粉雪が降ってきた。視界がきかない。

氷山が、あらゆる形を見せている。古いものも、新しいものもある。

犬が、だいぶ、つかれてきた。

オングル・ガルテンに近づいたとき、紅茶島との海峡《かいきょう》にポツンと、黒い一点が見えた。

「なんだろう?」

四人は、異様《いよう》な空気におそわれた。その黒い物体が、しだいに近づいてきた。望遠鏡に、はっきりと雪上車のすがたがうつった。

「雪上車です! むかえにきたらしいです」

雪上車から、だれかが、しきりに手をふっている。犬がほえた。

「帰りは、犬をはなしてやろうか」

ソリは雪上車が引いた。基地から十キロの地点で、犬はバラバラになって、氷原を走った。うれしそうに見えた。それが悲劇《ひげき》のはじまりになろうとは、菊池隊員も思ってはいなかった。

基地まで雪上車についてきた犬は、四、五頭であった。十六時をすぎていた。

「おい、犬は、だいじょうぶか」

と、心配そうに西堀越冬隊長がたずねた。菊池隊員は笑って「だいじょうぶです」と答えた。

それよりも、東京から基地に舞《ま》いこんできた喜びのほうが大きなニュースであった。

文部省のなかにある本部から、来年度の越冬隊が決まったことを知らせてきた。そして、現在の十一人の

カラフト犬アンコ

越冬隊は、飛行機で帰国させるとのことであった。おおさわぎするのも当然である。

わいわいさわいで、犬の心配は心のすみに追いやられてしまった。

その夜が明けると一瞬にして状態が変わった。ヒップと、アンコのすがたがたりなかった。

「そうさく隊を出そう」

と、ついに、隊長の命令が出た。隊長は、中野、藤井、北村隊員をつれて基地を出発した。どうしても、不安というものが胸をしめつける。

そうさく隊は、犬の足あとを発見した。

N地点にさしかかると、アンコが、とつぜん台地のかげから飛び出してきた。

「あっ、アンコだ！　アンコ、アンコ！」

走ってくるアンコを藤井隊員はしっかりだきしめた。

「ヒップのやつ、どうしたんだろう?」

基地では、一晩中、ヒップのことで話がもち

カラフト犬ヒップのクマ

きりであった。

次の日、雪上車3号で大陸の近くまで出かけた。だが、ヒップのすがたは、ついに発見されなかった。

その後は、もう、ヒップのことを口に出す者はいなかった。

九月九日、菊池、北村隊員は、雪上車3号に乗って、ふたたび出かけた。

「今日こそ、絶対に探してきます」

と、隊長に言い残してきた言葉が、いつまでも消えない。

ヒップの足あとを見つけた。

「足あとだ!」

思わずさけんだが、ふしぎに、その足あとは途中で消えていた。その地帯には氷の割れ目は全然なかった。広い、白い平原地帯であった。

雪上車は、ついにヒップを見つけ出すことができず、さびしく基地へ帰ってきた。

「いませんでした……」

菊池隊員は泣くまいと思っても涙が出てきた。だれにも顔を合わせたくなかった。その原因がすべて自分にあると思うと悲しさをいっそうきびしく感じた。隊長は悲しい報告を、じっと、目をつぶって聞いていた。

「帰ってくるかもしれんさ」

と、言ってくれる言葉が、ただひとつの光であった。残されたその光をいだいて、眠れぬ夜が明けた。

犬がほえた。いっせいに、ほえ出した。

「ヒップだ！」

菊池隊員はまっ先に外へ飛び出した。

アザラシが白い世界のなかにころがっていた。犬の食料のために捕《と》ってきたものだ。雪から半分、体を出している。そのまわりを走りまわっている黒いものがあった。

ヒップではなかった。クサリを離れたタロだった――。

そのヒップのクマは、なにかの欲望《よくぼう》にかられて仲間《なかま》から離れたものと思われる。基地とは反対の、大陸への足あとが発見されている。ヒップは八日間の旅行で、つかれているはずだ。基地へ帰れば、おいしいごちそうをもらえることを知っているはずだ。

雪の平原を自由にさまよい歩くことに、強く引きつけられたのかもしれない。

空腹《くうふく》と、つかれを感じたとき、基地へ帰ろうと思ったにちがいない。だが………。

彼の走った先には基地はなかった。

こうして、雪と氷の世界に、永遠にすがたを消してしまったのである。

犬ゾリ隊出動

調査に向かう犬ゾリ隊

大陸上陸コースが発見され、ただちに大陸内部への大旅行が計画された。

ボッンヌーテンの位置を正確《せいかく》に天測《てんそく》するほか、パッダ島などの地点を測量《そくりょう》するのが目的であった。

大量の荷物を持って行かなければならない。犬ゾリでは無理だ。犬ゾリを先導に雪上車で行く計画である。

ところが、その雪上車のぐあいが悪い。九月十一日出発の予定が延期《えんき》された。

立見、大塚隊員が必死に雪上車にかじりついている。

「だめです。どうしてもハーマン・ネルソンが必要です」

ハーマン・ネルソンとは、冷えた機械を熱風で温める機械である。

「そうか。しかし、ネルソンは雪にうずまったままだ」

「掘り出しましょう。あれがなければ、だんだん出発がのびるだけです」

よしっと、十一人は、かたい雪を掘って、やっとのことでネルソンを掘り出した。

ゴーッと、ものすごい音を出して雪上車に熱風が吹きつけられた。それでも、雪上車の調子は悪かった。

十六日はすばらしい天気だった。

「残念だな」

青空を見つめて、十一人は、なげいた。隊長は、くさって、はやくからベッドにもぐりこんで毛布をかぶってしまった。

それから三日たって、やっと3号車だけが完全になおった。明日は試運転《しうんてん》だ――と思って張りきっていたら、すごいブリザードがおそってきた。

「うむ……」

うなるだけで、大自然の力をくい止めることはできない。ブリザードは二十一日、二十二日とつづいて、計画はのびのびになってしまった。

旅行は短い期間に終わらせたい。時期がおくれると大陸氷河の圧力《あつりょく》で海氷《かいひょう》が割れる。

雪上車の調子がひとまず落ち着いたので、旅行に必要な荷物を上陸地点まで運ぶことにした。

二十七日、中野隊員を隊長に、藤井、立見、菊池、佐伯、大塚の各隊員が二台の雪上車で出発した。そして十月二日に帰ってきた。しかし、頼《たの》みとする雪上車の調子は、この旅行以来《いらい》、ますますあやしくなってきた。

「だめだ！」

油だらけのきれを、たたきつけるすがたも見られた。

「こまった……」

隊長もいらいらしている。

日本を出発する前から、犬と雪上車の問題は論議《ろんぎ》され、犬は非科学的だと言われていた。ところがどうであろう。頼みとする科学の雪上車が動こうとしない。九月十一日の出発予定日が、はやくもひと月近くおくれている。十月八日、隊長はついに雪上車を使うことを断念《だんねん》した。

十一日、旅行計画についての会議《かいぎ》が開かれた。ボツンヌーテンより遠くへ行くことはできないという結論《けつろん》になった。そして、中野隊員を隊長に、菊池、北村両隊員の三人が犬ゾリで十九日出発と決まった。必要な荷物が制限《せいげん》された。

「雪上車さえ、しっかりしていれば……」

と、残念がったのは西堀越冬隊長だけではなかった。

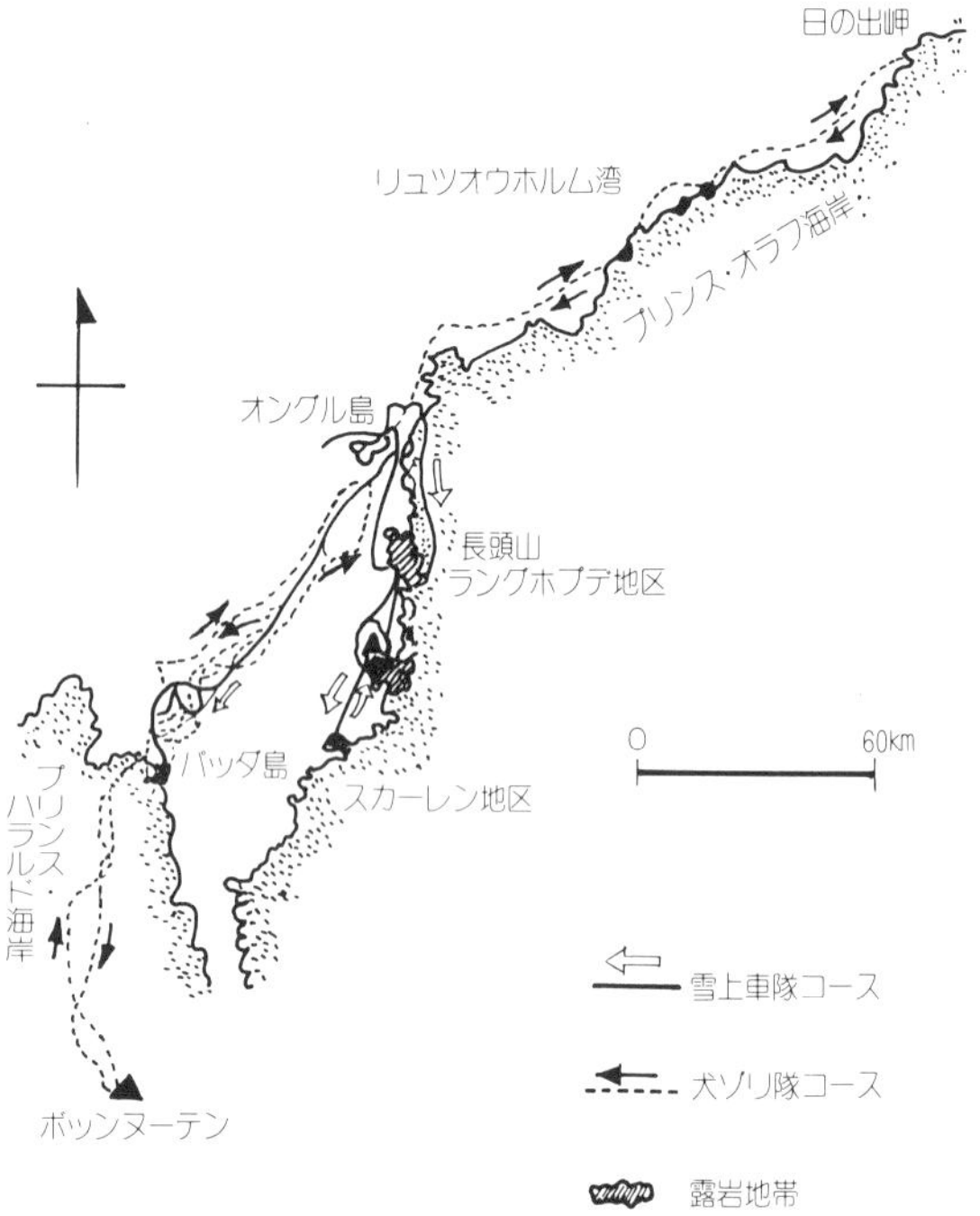

出発日が十月十六日と、はやめられた。犬ゾリに荷物が積まれた。

雪上車一台が途中《とちゅう》まで荷物を運んでくれることになった。

立見、大塚、佐伯の三隊員が雪上車に乗って、犬ゾリ隊の出発に先行《せんこう》して基地を出て行った。

霧《きり》の深い朝だった。南極の春の風がここちよく吹いていた。マイナス十二度。

出発の時間がきた。

「では、行ってきます」

「頼《たの》むぞ！」

犬ゾリ隊は基地を離れた。十五頭の犬がいっせいにほえて、基地の人びとに別れを告げた。

ウラン発見

犬ゾリは三人を乗せて矢《や》のように走る。時計の針《はり》は六時三十分をさしていた。基地で手をふる人びとのすがたが、しだいに小さくなっていった。

四十七キロの地点でテントを張った。十七日は荷物を積んだのでスピードが思うように出ない。雪がしだいに深くなり、犬の苦労が増した。百メートル進んでは休み、また少し行っては休んだ。人間も、犬も、くたくたになった。

「がんばれ、がんばれ！」

自分にも、犬にも声をかける。こうして、大旅行の一日、一日がすぎていった。

そのころ基地では立見隊員を中心とする地質《ちしつ》調査隊が、リュツォウホルム湾《わん》東岸の露岩地帯《ろがんちたい》へ雪上車を走らせていた。二十三日のことである。そして二十四日には、長頭山の最高頂《さいこうちょう》、五百メートルの地点に立った。

オングル島は北方に低く連《つら》なって見えた。大陸氷原が、大氷河ごと見える。大自然の神秘《しんぴ》のすがたに、西堀越冬隊長は目がしらを熱《あつ》くしていた。

二十五日にはスカレン地区へ雪上車を進めた。そして、問題の二十六日には、重い黒い石を、西越冬隊長が発見した。

休息《きゅうそく》する犬ゾリ隊

「これは、ウランではないかな？」

と、何気なく差し出した石を見て、

「あっ！」

と、専門家の立見隊員が声をあげた。

「た、隊長！　これを、どこで……」

立見隊員はたいへん興奮《こうふん》していた。

「あそこだが……？」

と、隊長は首をかしげながら、案内した。

「あっ、ここにも、あそこにもあるぞ！」

世界の人びとが注目しているウラン鉱《こう》が発見された。

「まちがいないか」

「ないと思います。しかし、調べてみないとわかりませんが……」

一同《いちどう》は、わっとかんせいをあげた。

その西堀隊の喜びとは反対に、パッダ島西北を走る犬ゾリ隊は悪戦《あくせん》苦闘《くとう》をつづけながら、大陸上陸地点まで二十キロにせまっていた。

「犬がだいぶつかれている。休もう」

犬係でない中野隊員も、犬ゾリ旅行では、犬が最も大切であることはわかっている。

「休もう――」

ソリからおりて、ご苦労《くろう》、ご苦労と犬の頭をなでる。

「キャンプ地をはやく決めることが、犬たちをつかれさせないコツだ」

と、かつて言ったことのある中野隊員は、愉快《ゆかい》で、おおらかなお医者《いしゃ》さんだ。

氷原のかなたに、ボッンヌーテンの岩峰《がんぽう》が見える。

「あの頂上に登るのだ！」

と、思うと、胸がかすかにふるえる。ふしぎな感動《かんどう》だ。

三人が、そのボツンヌーテンの山ろくに着いたのは、十月二十五日の午後のことである。

ただちにテントを張った。吹雪《ふぶき》が、しだいに強くなってきた。二十六日、風速十五メートル。午後、風がおさまったので、からの犬ゾリに乗って山のふもとを一周《いっしゅう》した。周囲《しゅうい》四、五キロメートルの小さな山であるが、氷河でけずられていて、かんたんに登れそうもない。山を見つめて、仮《かり》の名前をつけた。西側の小さなピーク（頂上）には、犬たちを記念して犬山と名づけた。

夕刻《ゆうこく》――四時四十分、三人は犬たちをキャンプに残して頂上アタック（攻撃《こうげき》）に出発した。

一歩一歩、ステップを切って、かたい氷を登る。峠《とうげ》を少しすぎたところで、三人はロープを結びあった。トップは中野隊員、次に北村隊員、しんがりが菊池隊員である。氷の斜面《しゃめん》にくると、大きくステップを切る。先頭を行く老登山家、中野リーダーのふるピッケルの先から、キラッキラッと光った氷のかけらが、二人の頭上をかすめる。下を見おろすと、キャンプの犬たちが、豆つぶのように小さく並《なら》んで見える。

十八時二十分、高さ三メートル、切りたった崖《がけ》にぶつかった三人の前進は止まり、登るのをあきらめた。

翌《よく》二十七日をむかえた。

午前中は風が強かった。十四時十分、今度は、菊池隊員がトップである。昨日のトップ中野隊員が、しんがりである。雪崩《なだれ》に気をくばりながら、一歩、一歩よじ登っていった。気温はマイナス二十度、ピッケルをにぎる手が、しっとりとあせばむ。

十六時五分、三人は、ついに頂上をきわめることができた。

「登った――登ったぞ！」

高度、約千五百メートルの頂上に立って、三人は思いきり喜びの声をあげた。粉雪《こなゆき》が、ほてった顔に当たってきた。三人は、思い思いに記念品をうずめた。この喜びはウランを発見した喜びと変わりはなかった。

西堀隊は三十日帰路《きろ》につき、中野隊は三十一日、昭和基地へ向かった。

その三十日の朝、ネコのタケシが無線棟《むせんとう》で三千ボルトの電流《でんりゅう》にふれた。シロが赤ちゃんを産《う》んだ。

ボツンヌーテン山ろくで，キャンプを張る犬ゾリ隊

テツの死

ゴロが出血した。死にそうだ。おしりのデキモノがつぶれたらしい。

十一月十九日、中野ドクターは苦しそうにしているゴロを見つめている。シロの子がしだいに大きくなる喜びに反し、暗い出来事だ。

ゴロは南極行きに選ばれた犬のなかでも、最も大きく、たくましい犬だ。

「頼《たの》みにしていたのに……」

西堀越冬隊長は、がっかりしている。

「プリンス・オラフ沿岸《えんがん》旅行には行けないな」

と、言って、さびしくゴロを見る。

そのとき、〈宗谷〉から海氷の状況《じょうきょう》が知りたいという入電《にゅうでん》があった。〈宗谷〉は、シンガポールを出てインド洋上を南下《なんか》していた。

〈宗谷〉がくるまでには、どこまで開水面《かいすいめん》になるだろう——。あと一カ月しかない。パドルが成長している。

冬からとつぜん、夏になったようだ。

十二月二十五日、いよいよ最後の旅行がおこなわれた。目的はプリンス・オラフ沿岸調査である。

テツの死

病死したカラフト犬テツ

ゴロ、テツ、デリの三頭を基地において出発する。

西堀越冬隊長、それに菊池隊員と北村隊員の三人が十三頭の犬にムチを当てて青氷を走った。夏型の空を見て、いやな気持ちがする。犬の足が心配になった。

その次の日、病気のテツがとつぜん危篤《きとく》になったことを旅行中の三人はトランジスター受信機で聞いた。

「先生、テツが危篤です!!」

と、中野ドクターのところへ砂田隊員があわてて、やってきた。

「なにっ、徹《てつ》(菊池隊員の名前をテツとよぶ。ほんとうは、とおるという)が危篤だって?」

「いえ、テツといっても、菊池じゃない犬のテツです」

先生はテツのところへ走って行った。さっそく、注射を打った。人間より犬の病気が多い。

昭和基地から犬ゾリにて日の出岬にいたるコース

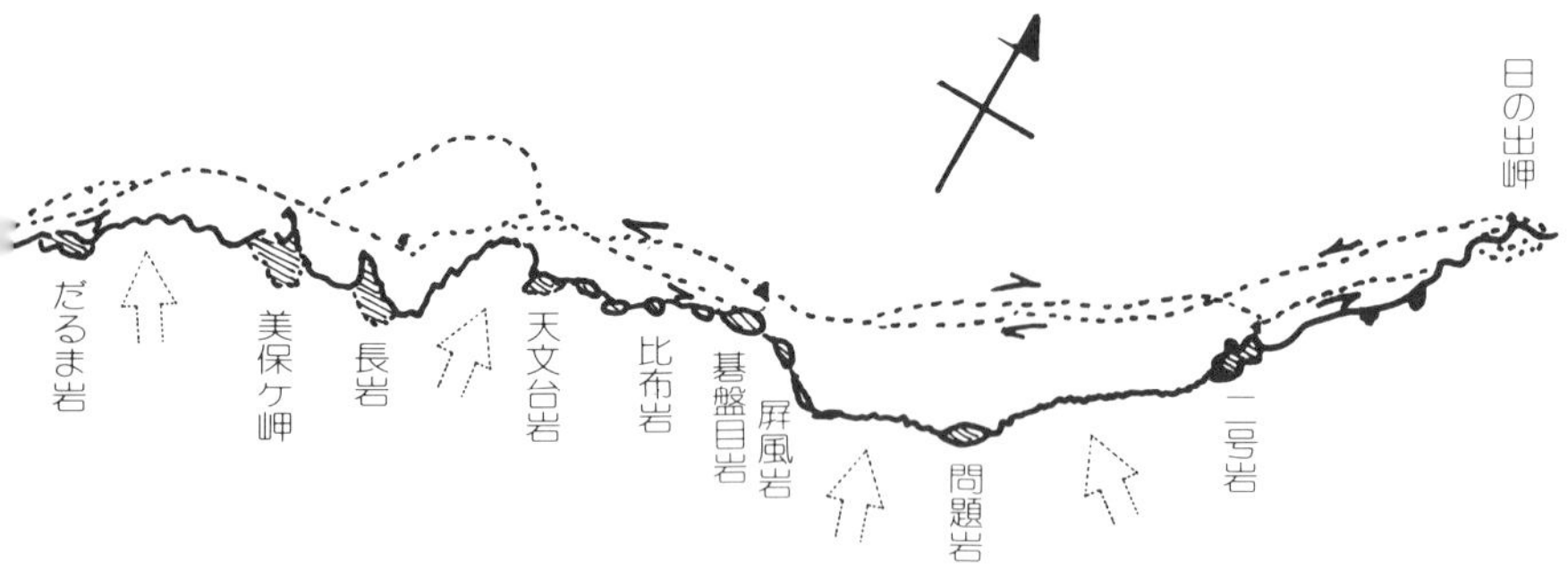

これなら獣医《じゅうい》が必要だ——と、先生は、こぼした。

まったく十一人の健康はすぐれていた。先生にやっかいになる者がいなかった。中野先生は人間を病気にさせない名医《めいい》であった。

テツは、あやうく命びろいをした。しかし、苦しい闘病生活《とうびょうせいかつ》がつづいた。

その仲間の危篤も知らず、十三頭の犬は美保《みほ》ケ岬《がみさき》をすぎ、日の出岬へ向かっていた。

風はなく、真昼の太陽はカンカンと照りつけていた。犬は、熱さにあえいでいる。

日がかげると雪が急にかたまり、氷の面がトゲトゲになる。そのため、犬の足から血が吹き出す。

タロが、まっ先に雪の上に血を点々とたらしはじめた。

まっ白な雪を赤くそめた血を見て、気がたった。

タロの足に、さっそく、バンソウコウを張った。タビもはかせたが、すぐ、とってしまう。

つづいてシロも足を切った。

アンコもまいってしまった。

人間も熱くて、眠れぬ夜をむかえた。

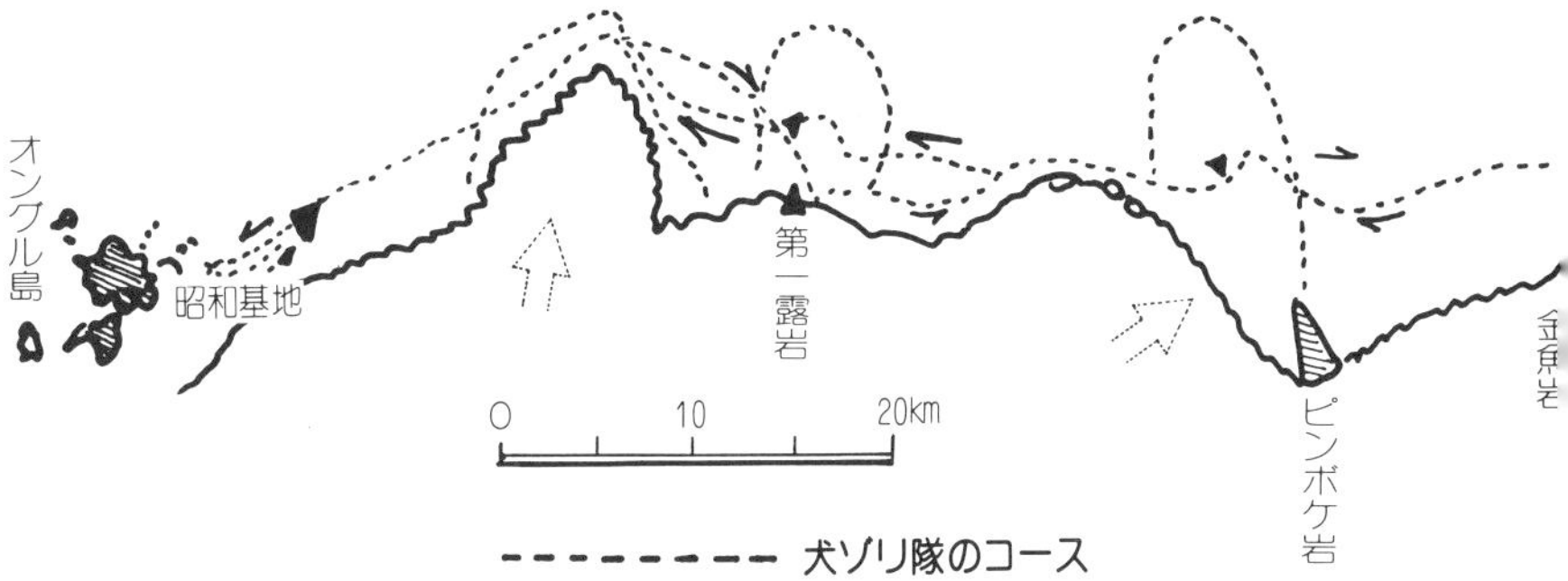

テントの外で、ぐたっとねそべっている犬は、ほえる力もない。

七日から夜行軍をすることにした。

フラットウンガ氷山群《ひょうざんぐん》にくるとツバメが飛びかっていた。沈《しず》まない太陽が湖畔《こはん》からながめられた。すばらしい景色である。

シロがタビをはいてくれたので、ほかの犬も、タビをとらなくなった。先輩犬の偉《えら》さをしみじみと感じた。

十日、八時二十分、最後のキャンプを出発して一時間半ののち昭和基地に着いた。子犬たちがまっ先にむかえてくれた。大きくなったので驚いた。

十一日は〈宗谷〉がケープタウンを出港する日だが、テツの病状が悪くなったので、少しも喜びがわかない。

——テツは、ついに死んでしまった。

「テツ！」

と、さけぼうとした声が、すぐには出てこなかった。

ベックの死を思い出す。

テツの死を見つめていても、なぜか、悲しみがわかなかった。

あきらめというものが、心の動きを止めていた。

菊池隊員はぼうぜんと、しばらくの間テツを見つめていた。

行方不明事件《ゆくえふめいじけん》

「ふしぎだな？」

と、首をかしげる者が、二人、三人と増えた。

「たしか、シロの子は八匹《ぴき》だったな」

「うん、それが、どうしたんだ」

「たりないのだ」

「まさか、そこらにいるんだろう」

「いや、ほんとうなんだ。いないのだ」

シロの家にすっ飛んで行った。見ると、たしかに二匹たりない。基地のまわりを探しても見つからない。

「どこへ行ったんだろう——まさか、盗賊《とうぞく》カモメや、アザラシはつれて行くまい」

「ひょっとすると、とんでもないところを、うろついているのかもしれないな」

と、心配しているうちに、方向をまちがえて、ひょっこり、荷物のかげからすがたを現して、事件がひとりでに解決してしまうことがたびたび重なった。

すると、また、だれかが二匹たりないぞと、さわぎだす。

カラフト犬シロの子犬たち

「帰ってくるよ」

と、言って気にも止めなかったが、たび重なる行方《ゆくえ》不明《ふめい》事件《じけん》に十一人は少なくとも興味《きょうみ》をいだいてきた。それが十二月十三日には、とつぜん六匹もいなくなったのでさわぎは大きくなった。

「よし、今日こそは事件のなぞをつかむぞ」

と、数人が名探偵《めいたんてい》に早変わりした。

シロは子どもを十四匹産んだ。二匹死んで八匹が元気に育った。ミルクをのむすがたが人気の的《まと》となった。そのシロの子が、ときどき、どこかへすがたを消してしまうのだ。犯人はだれか。数人の名探偵が四方へ走った。基地にはいない。荷物のかげにもいない。岩かげにもいない。時間は刻々《こくこく》とすぎていった。

夜になっても、六匹は発見されなかった。

「ふしぎだな。どこへ行ったんだろう?」

「まさか、怪獣《かいじゅう》が現れて、つれて行ったわけでもないだろう」

などと、言いながら、ついに真夜中《まよなか》まで探しつづけてしまった。真夜中といっても、明るいので、へんな気持ちがする。

「おおい、いたぞ！」

東のかなたから、とつぜん声があがった。時計の針は、きっかり二時をさしていた。二時、ついに行方不明事件のなぞはとけた。犯人《はんにん》は親のシロであった。

「えっ、シロが？」

意外な結果に、名探偵たちは首をかしげた。

「東オングル島の地形教育《ちけいきょういく》に、親のシロが、子どもをつれて歩いていたのだ」

なるほどと思ったが、その犬の行動に科学者たちは大いに考えさせられるところがあった。

人間と変わりがない――。

人間という動物と、犬という動物を比べながら、科学者たちは昭和基地へもどってきた。

「そうか、犯人はシロだったのか」

と、言って、笑う者も、がっかりする者もいた。

見渡すかぎりの雪と氷の世界に、心のつかれを感じていたときだけに、仕事を離れたこの事件はいかにも愉快《ゆかい》でならなかった。

プラス一度。夏の一日が、こうして終わった。

〈宗谷〉は、いまごろ……と考えながら隊員たちは深い眠《ねむ》りに入っていった。

飛行機がくるぞ

昭和三十二年十二月十七日、〈宗谷〉が南極けんに入ったことを知らせてきた。つづいて、氷山をはじめて見たと言ってきた。

「ほう、去年より氷が多そうだな。こいつはあまりいいニュースではない」

南極に一年住んだ者にとっては、すぐ、氷と海のすがたが頭にピンとくる。氷の状態が悪いことは、それだけ〈宗谷〉を苦しめることになる。氷山をはやく発見したということは、それだけ氷が多いということだ。

「氷が多い――基地の状態とはちがう……」

隊長は気象《きしょう》データを静かに開いて見つめた。

つづいて、〈宗谷〉から基地の食料の残高《ざんだか》を知らせよと言ってきた。砂田隊員がさっそく活動をはじめた。

十二月二十三日は空を見つめて、〈宗谷〉からのビーバー機を待ったが、〈昭和号〉のすがたは現れなかった。そのころ〈宗谷〉は氷海《ひょうかい》に突入《とつにゅう》していた。基地ではビーバー機を待ちくたびれて、ふんがいしていた。

「きっとくる。明日はクリスマス・イブじゃないか」

と、興奮《こうふん》しても、青い空に銀翼《ぎんよく》の光を発見することはできなかった。太陽は、夜中の十二時でも、地平線にすがたを見せている。

ジュラシー氷山

ところが、〈宗谷〉から、飛行機は飛ばさぬと言ってきた。飛行機どころか、厚さ三メートルの氷にかこまれてクギづけになっていたのだ。

乗組員たちは氷原に飛びおりて爆薬《ばくやく》をかけた。爆音とともに厚い氷にピッピッと線がのびていった。だが、それくらいでは船はまだまだ動かない。その暗いニュースに、昭和基地では十一人が落ち着かぬままに時をすごしていた。

佐伯隊員は日本から持ってきた二十日大根《はつかだいこん》のタネを、台所のよごれた水が流れてくる横にまきながら、さびしさをまぎらわしていた。

食堂《しょくどう》にクリスマスのかざりがつけられ、クリスマス前夜祭《ぜんやさい》がにぎやかに開かれた。食堂は〝クラブ昭和〟になりジングルベルの歌声が十一人の口から流れた。

「ジングルベル！ジングルベル！」

と、強く、強く歌うたびに、〈宗谷〉がぐっ、ぐっと氷原を突《つ》き進んでくるような気がした。

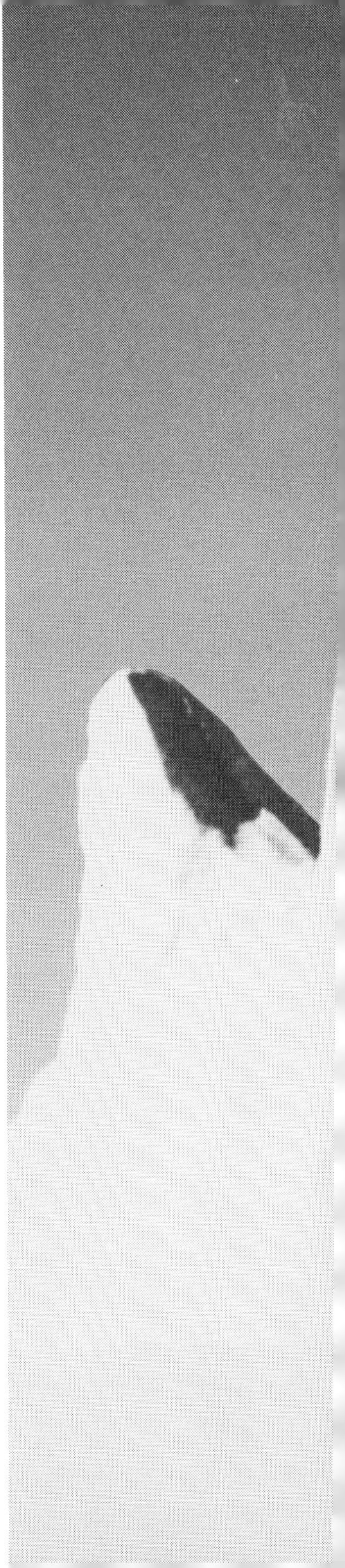

「がんばれ！　がんばれ！」

「ジングルベル！　ジングルベル！」

　ところが、〈宗谷〉は、オングル島北北東二百二十五キロの地点で船首《せんしゅ》をのしあげながら、氷をくだいていた。氷ばんにぶつかると、船体が不気味《ぶきみ》にゆれる。後退《こうたい》してはドシン。船首がくいこむと、前進が止まる。だが、二メートルもある氷が、すっと割れることもある。

　ヘリコプターが水路《すいろ》調査に絶えず飛ぶ。

　しかし、〈宗谷〉は二十六、二十七日と氷づけになったまま流され、天候《てんこう》の変化を待った。

　二十八日には、氷原の上で、もちつきがはじまった。

「正月には、ぜひ、とどけたい」

「おもちだけでなく、新鮮《しんせん》な野菜も、果物《くだもの》もとどけるよ、――ほいきた」

　ペッタン、ペッタンと杵《きね》の音が南極の空にひびいた。

氷海を行く〈宗谷〉

遊びにきた皇帝《こうてい》ペンギン

昭和基地では、新しい越冬隊をむかえる準備に追われていた。建物のまわりが、一日一日ときれいになっていく。十一人は学者になったり、バタヤになったり、てんてこまいだ。そのいそがしいなかに、ペンギンがまよいこんできた。

「ようこそ――」

と、すました紳士《しんし》に、赤い蝶《ちょう》ネクタイをしてやる。ほんとうにかわいいものだ。

「おおい、いよいよ、もちつきがはじまるぞ！」

と、だれかがどなった。それっと、ばかりに食堂へかけつけた。砂田隊員が小さな杵《きね》を持っている。ふけたもち米が洗面器《せんめんき》の中に入れられた。

「よしっ！」

と、菊池隊員が手に水をつけた。

ポッコン。

ガッチャン。

ポッコン。

ガッチャンの音で十一人は大笑いをする。

そのとき、〈宗谷〉が基地より北方、百八十キロに接近《せっきん》したことが告《つ》げられた。

しかし、〈宗谷〉はあい変わらず自由を失い、氷とともに、西へ、西へと流されていた。

基地でも、三十一日は強い風が吹いて紙くずや、あきカンを吹き飛《ふ》ばしていた。

「こりゃ、神風《かみかぜ》だ。この風で〈宗谷〉も自由になれるだろう」

と、かんせいをあげて、一九五七(昭和三十二)年にさよならを告げた。

越冬をはじめてから十カ月半、いろいろな思い出をくりかえしているうちに、除夜《じょや》の鐘《かね》がひびいてきた。

家族の顔が、瞳《ひとみ》に浮《う》かんでなかなか去らない。

風はしだいに強くなってきたようだ。〈宗谷〉のことが心配でならない。

静かに、瞳をとじた。

午前十時の基地《きち》

「おい、あと三日寝ると、〈宗谷〉が着くぞ」

と、喜んでいたが、〈宗谷〉からの連絡《れんらく》のたびに、不安は一日、一日と深まっていった。

「明日もだめか――」

カレンダーは十二月三十一日で終わって、あとはない。見なれた壁《かべ》にさびしさを感じた。

〈宗谷〉接岸予定日の一月八日を前にして、昭和基地には、重苦しい空気がただよっていた。

「十キロも西へ流されたらしいが、このぶんだと、クック岬《みさき》まで行くな」

「もっと行くさ。外洋《がいよう》まで流されるだろう。そして、もう一度、突入やりなおしさ」

「それじゃ、接岸予定日もいつのことやら、わかったもんじゃないね」

「あきらめろよ。われわれで、もう一年、越冬しよう」

さびしい話に、みんな、だまりこんでしまった。

犬の名ふだづくりをしている手にも、力が入らない。

次の越冬隊に渡す必要《ひつよう》がないなら、こんなものをつくることもあるまいと思いながら、〝タロ〟と書いた赤い名ふだを下においた。

外に出ると、ふしぎに、大根畑《だいこん》に足が向く。

二十日大根の芽が、むっくりと頭を出したのは一月六日のことであった。

「おおい、大根の芽《め》が出たぞ！」

と、さけぶと、西堀越冬隊長がまっ先にかけてきた。

「もう食べられるか？」

「そりゃ、はやすぎますよ」

暗い昭和基地の、ただひとつの明るいニュースだ。

〈宗谷〉は接岸予定日だというのに、まだ西へ流されていた。

氷の状態は〈オビ号〉に救われたときよりも悪かった。ヘリコプターの上から見ると、〈宗谷〉は、ゆうれい船のように見えたと、不気味《ぶきみ》なニュースが昭和基地にも伝わってきた。

「なにっ、ゆうれい船になったって？」

と、笑っているとき、お昼《ひる》のみそ汁が運ばれてきた。

「あっ、青いものが浮かんでいるぞ？」

「野菜《やさい》だ！」

「・・・・ハツカダイコンの芽か」

生野菜《なまやさい》を、しばらく食べていない十一人は、子どものようにはしゃいだ。

外では子犬たちが、与えられた盗賊《とうぞく》カモメの肉にくいついている。一月九日、マイナス二度、どんよりと、空はくもっていた。

越冬隊員の食事のひととき

氷にとじこめられている〈宗谷〉では、夜食《やしょく》に中華《ちゅうか》ソバが出た。すると、どこからか、チャルメラの音が聞こえてきた。鈴木弘造隊員が、デッキで吹いていたのだ。どっと笑い声がたったが、そのチャルメラの音が一人ひとりの胸にさびしくしみこんでいった。

氷の厚さは、六メートルから七メートルにもなっている。船は、前進も、後退もできない。西へ五十キロも流された。リュツォウホルム湾《わん》の入口の中央《ちゅうおう》にきている。

「こんな氷では、〈オビ号〉でも入ってこられないだろう」

「どうなるんだ」

隊員の声が、チラッ、チラッと耳に入る。もう一月も、なかばすぎだ。二月一日の接岸《せつがん》予定日もめちゃくちゃだ。

〈宗谷〉では越冬者の人数もへらし、最悪《さいあく》のときにそなえて計算をはじめた。

第二次越冬隊員二十名は、ついに絶望《ぜつぼう》となった。

「何人でもいい、きてくれなくてはこまる」

と、昭和基地の十一人の勇士《ゆうし》は奮然《ふんぜん》と立ちあがった。貴重《きちょう》な資料を、このまま無人《むじん》の基地には残せない。

〈宗谷〉をつつむ氷原はリュッツォウホルム湾いっぱいに広がって、関東平野くらいの広さになっている。しかし、状況《じょうきょう》が少しずつよくなってきた。

本部は外国船へ救助信号《きゅうじょしんごう》を発した。昭和三十三年一月三十一日のことであった。

しかし、その頼《たの》みの綱《つな》である外国船も、アメリカ四せき、オーストラリア一せき、ベルギー四せきのうち二せきは氷づけになっていた。最も力のある〈グレーシャー号〉は、ニュージーランドで、スクリューの修理《しゅうり》をしている。暗い、いやな知らせが次々に入ってくる。

「〈バートン・アイランド号〉しか、頼《たの》みとするものはない」

ついに、アメリカに援助《えんじょ》を依頼《いらい》した。

〈宗谷〉の位置《いち》は昭和基地より西北約三百八十キロ、クック岬の西約七十四キロの氷ばんにあった。

『本観測越冬隊員を十一名に決定』と、〈宗谷〉から通信《つうしん》があった。

明るい空気が基地にみなぎった。犬の名ふだづくりにも力が入った。

ところが明けて二月一日、外洋脱出《だっしゅつ》に努力《どりょく》を重ねている〈宗谷〉から、左のスクリューのペラが一枚こわれたと言ってきた。

「うまくいかないな——」

と、ため息をついた。しかし、二日には、『〈バートンアイランド号〉から、救助に向かうとの連絡《れんらく》あり』と、知らせてくると、ふたたび胸をおどらせた。まったく、太鼓《たいこ》たたいて笛《ふえ》吹いてではないが、一つひとつのニュースに、おどったり、しおれたりする人間の本能《ほんのう》のすがたそのものである。昭和基地の空には、もう秋風が吹いてきた。冷たい――さびしい風だ。

二月六日、外洋《がいよう》へ脱出《だっしゅつ》をつづけていた〈宗谷〉から脱出成功が知らされてきた。午後一時のことであった。

「しめた！」

と、まず、かんせいをあげてからバンザイをさけんだ。

〈宗谷〉は脱出するとふたたび氷の少ない東の方向に向かって航行《こうこう》して行った。

その喜びのニュースにつづいて、七日には、ビーバー機〈昭和号〉が飛んでくるという知らせだ。十一人はだきあって喜んだ。フキナガシを風に流す者、〝かんげい〟の看板《かんばん》を氷原に並べる者、十時の基地は、てんやわんやのおおさわぎになった。

〈宗谷〉は十六時五十分、〈バートン・アイランド号〉と出合った。

その喜ぶべきニュースと、ビーバー機中止のニュースが同時に入ってきた。基地の越冬隊員は複雑《ふくざつ》な気持ちで秋風の吹く空のかなたをいつまでも見つめていた。

そのころ、〈宗谷〉と〈バートン・アイランド号〉は接近していた。〈バートン・アイランド号〉の甲板から、ヘリコプターが飛んだ。やがて、ブランチンガム艦長《かんちょう》が、〈宗谷〉の甲板におりたち、永田隊長とかたい握手《あくしゅ》をかわした。

二十時三十分、突入《とつにゅう》計画が両者の間で決定した。

歴史的な一場面であった。

ビーバー機だ！

ビシッ、ビシッと、〈バートン・アイランド号〉は氷を割って前進して行く。〈宗谷〉は、そのあとに従《したが》って行けばいいのだ。目の前に見る優秀《ゆうしゅう》なすがたに、〈宗谷〉の人びとは、ただ、ぼうぜんと見つめているだけであった。厚さ数メートルもある氷の丘を、するどい刃物《はもの》で切るように、サッ、サッと割って進んで行く。

それればかりか、こまわりのきく〈バートン・アイランド号〉は、たくみに船体を動かして、前進していく。〈宗谷〉は、そのあとについて行けず、ときどき、氷ばんにぶつかるありさまである。あとについて行けばなんの苦労もないのに、それもできないのだ。〈宗谷〉の馬力《ばりき》は四千八百馬力、〈バートン・アイランド号〉は一万三千馬力である。

前進をはじめてから、はやくも四十四キロ進んだ。昭和基地から北北西約百キロの地点まで接近した。

しかし、氷の状態がしだいに悪くなってきた。速力《そくりょく》が、ぐっと落ちた。吹雪《ふぶき》がはげしくなってきた。待機《たいき》をつづけているビーバー機のつばさに雪が積もっていく。

「残念だな――」

いかにも残念そうに福田航空長《こうくうちょう》らがじっと空を見つめていた。

その空を、昭和基地でも、十一人の越冬隊員が見つめていた。二月八日の朝のことであった。

「どうだ、今日はくるか?」

と、聞かれて、通信《つうしん》を受け持つ作間隊員はさびしく首をふった。

作間隊員の力のない声に、二月八日の朝食は、いやにしんみりとした、静かなひとときであった。

「よし、それなら、今日はカルベン島へ、ペンギンを調査に行こう」

中野隊員がとつぜんさけんだ。

「うん、行こう」

中野、立見、大塚、菊池、佐伯、作間の六人のサムライが、さっそく出発の仕度《したく》をした。

雪上車にゆられながらも、六人は、ときどき空を見つめていた。しかし、ビーバー機のすがたはついに発見できなかった。

パドルに悩《なや》まされるたびに、〈宗谷〉の前進をはばむ氷原に思いが走る。気晴らしに出かけてきたものの、やはり、基地にはやく帰りたくなる。十五時半、基地に帰ってきた。帰るなり、

「くるか!」

と、たずねる。さびしく首をふるすがたを見て、がっかりする。時計の針だけが、どんどん進んでいた。

〈宗谷〉から通信があった。

『〈昭和号〉が、氷状偵察のため、飛ぶ準備をはじめています。都合《つごう》で、そちらへよるかもしれません。天候《てんこう》を知らせてください』

時計の針は、十九時三十分をさしていた。明るい夜だ。

佐伯隊員は十六ミリを取り出して工作室の屋根にかけ登った。

待ちに待ったビーバー機がきた

気象係の村越隊員は、基地上空の天候状態を〈宗谷〉に報告している。

日の丸を持ち出す者、煙《けむり》をあげる準備をする者、昭和基地は急に活気《かっき》づいた。

二十時、とつぜん、ビーバー機が飛び立ったと知らせてきた。

「おおい、飛んでくるぞ！」

だれが、聞こうと聞くまいと、みんな思いきりさけびたかった。ビーバー機がこないのに、はやくも、日の丸をふる者がいる。フキナガシを見あげている者がいる。つながれている犬も、その人間たちの気持ちがわかるのか、空へ向かって、やたらにほえはじめた。

「こらっ、静かにせんか。爆音《ばくおん》が聞こえんじゃないか！」

と、犬にどなる者もいた。

空は、美しく晴れている。二十時三十分、空のかなたに黒点が見えた。

「見えたぞ！」

西堀越冬隊長は望遠鏡をしっかり目に当てたままさけんだ。

「きたぞ――」

目のいい砂田隊員の声もあがった。基地の真北の空に、きらっと光るものが見えた。

「あっ、ビーバー機だ！」

北村隊員は必死に日の丸をふった。その感激《かんげき》を押えて、佐伯隊員は十六ミリに、しがみついている。仕事の鬼《おに》だ。いや、歴史のひとこまを、後世《こうせい》のためにも残さねばならないのだ。

立見隊員は雪上車の通信機に、かじりついている。

そのすがたが、ビーバー機をあやつる福田航空長はじめ、井上、岡本、森松隊員の目に、はっきりうつった。泣けて、泣けて、泣けてしかたがなかった。

パラシュートが、ひとつ、ひとつ落ちてきた。

「あっ！」

と、さけんだだけで、なにも言葉となって口から出てこない。

「ありがとう、ありがとう！」

雪上車の通信機にさけぶ大塚隊員も、立見隊員も、その声は涙《なみだ》でふるえていた。九つのパラシュートがふわり、ふわりと昭和基地に落ちてきた。

やがてビーバー機は、北西の空へ消えていった。別れをおしみつつ……。

九つのパラシュートをだいて九人の男が一カ所に集まった。つつみをほどく手がふるえている。

読みあげる。

新鮮《しんせん》な野菜《やさい》が出てくる。

手紙のたばがでてくる。

食料なんかどうでもいいと、手紙の配給《はいきゅう》を待つ。藤井、立見両隊員が、手紙のたばをほどいて一つひとつ読みあげる。

「西堀さん」――「はい」

受け取る目に、光るものがある。

「大塚さん」――「はーい」

手がふるえている。受け取った腕《うで》で鼻をこする。

「タケシ君？」――「えっ？」

「こりゃ、ネコのタケシのだ！」

どっと笑いが爆発した。きんちょうした空気がほどけた。

「録音テープだ！」

西堀越冬隊長は目をうるませている。家族の声が聞ける――感動《かんどう》がはげしく胸《むね》をゆすぶる。

食堂はクリスマスと正月がいっしょにきたような、おおさわぎになった。

そのさわぎをよそに、砂田隊員は、十人が目もくれない新鮮な野菜をしみじみと見つめていた。

「よし、今夜は、腕をふるうぞ！」

数十種類の野菜料理《やさいりょうり》が目に浮かぶ。特別野菜料理の献立《こんだて》ができた。すばらしいにおいが食堂にただよった。

その片隅《かたすみ》で、菊池隊員は、長男の重喜君からきた手紙を読んでいる。小学校一年生らしい。かわいい文章《ぶんしょう》

カラフト犬たちにも便《たよ》りがとどいた

だ。おとうさん元気ですか——その文から、声が聞こえてくるようだ。

涙が、ひとりでにこぼれる。

ふくことはない。みんな泣いているのだ。

——おとうさん、ぼくも、おかあさんも、としおも、みんなげんきです。——

「そうか、そうか、おとうさんも元気だ……」

胸のなかで、その言葉が、はげしい波にもまれて消えていく。

幼稚園《ようちえん》に行く、敏夫君の絵を見て、苦しい胸に救《すく》いを求める。

「どうだい——おもしろい絵だろう！」

さっそく、むすこの自慢《じまん》をする。いままでの苦しみがいっぺんにどこかへ飛んでしまった。

十一人はそれぞれの思いにふけり、勝手なことをしゃべり、夜がふけていくのも気がつかなかった。

外で、犬のほえる声がする。

「あっ、そうだ、タロにも、ジロにも手紙がきていた」

外に出ると、犬たちがいっせいにほえた。

「よしよし、よんでやるぞ。日本からおまえたちに手紙がきたんだ」

犬たちはうれしそうにほえた。

ネコのタケシも自分にきた数通《すうつう》の手紙を前にニャンと鳴いていた。

「かつおぶしを買ってください」

と、小学生が朝日新聞社《しんぶんしゃ》にお金をとどけたと書いてあった。

カナリヤも、それらの喜びの声に目をさましていた。

昭和基地のすべてのものが幸福《こうふく》のなかにつつまれていた。

とつぜんの命令《めいれい》

時はすでに八日から九日に変わっていた。

なつかしい故郷《こきょう》の手紙をだいてベッドに入ったが、なかなか眠れなかった。

三時二十九分――時計の針が、ピクッと進んだ。

そのころ〈宗谷〉はリュツォウホルム湾中央附近《ふきん》の水路を奥深くまで進んでいたが、昭和基地西北西百二十六キロの地点で、ついに前進を止められた。

強い東の風が吹雪《ふぶき》をまじえている。氷の変化を見ては、また前進がはじまった。

七時、ふたたび止まった。永田隊長とブランチンガム艦長との打ち合わせがはじまった。

八時、さらに前進、昭和基地から百キロの地点まできた。ただちに、昭和基地への通信《つうしん》がはじまった。

『飛行場の準備頼《たの》む』

村山第二次越冬隊長の声に西堀第一次越冬隊長はびっくりした。

「えっ？　どうも、とつぜんでわからんな」

『八時の会議で、十一人の収容《しゅうよう》が決まったのです』

「なにっ、十一人が……そんなばかなことがあるか。交代《こうたい》か……」

基地と〈宗谷〉の通信は絶えずくりかえされている。作間通信員は昨夜《さくや》から眠っていない。目がまっ赤だ。

昼ごろには雪の降《ふ》り方が強くなってきた。

「これじゃ飛行機はこないな」

雪は基地の黒い面をたちまち、まっ白にぬり変えてしまった。冬のおとずれである。

〈宗谷〉では、第二次越冬隊のために必要な物資がおろされていた。人員は二十人から十一人に、そして、最小限の八人にしぼられていた。

永田隊長は昭和基地から十一人を収容《しゅうよう》する方法を考えていた。

「十一人と、一年間の観測資料と、二十頭あまりのカラフト犬を運ぶには少なくとも十往復《おうふく》は必要だな」

明朝《みょうちょう》引きあげを昭和基地に知らせようと、永田隊長は通信室へ歩いて行った。

『第一次越冬隊十一人を、明朝ビーバー機で〈宗谷〉に収容する。ただちに準備《じゅんび》せよ』

二月九日、二十三時のことであった。

「えっ、明朝? それじゃ、もう、あまり時間がないじゃないか」

「うん——どうする」

「どうするって、命令じゃしかたがない」

「だが、引きつぎもしないで……」

「そうだ、全員引きあげることはない」

「どうも話がおかしい。だれか先に行って、よく話をたしかめたほうがいい」

と、いうことになり、第一便《だいいちびん》で立見隊員が行くことに決まった。

〈宗谷〉から荷物がおろされた

さっそく、雪上車でビーバー機着陸の地ならしがはじまった。

「一回の荷物は三百キロしか持ちこめないそうだ。そして六回飛ぶそうだ」

「それじゃ、たいして運べんじゃないか」

「資料のほうが人間より尊《とうと》い。おまえより岩のほうが……」

「そうかんたんに言うな。人間も、犬も、ネコも、一年ともに暮《く》らしてきたんじゃないか」

そのさわぎのなかに、子犬の体重を計《はか》ってみた。二十キロあった。いざというときのことを考えて計画をたてた。犬の首に赤い名ふだをつけた。甘《あま》えて、体をすりつけてくる。一年間苦労をともにしてきた思い出が浮かんできては、消えていく。菊池隊員は胸の苦しみを感じた。

「元気でいろよ」

別れの言葉が苦しかった。新しい隊員とともに、また一年越冬する声なき勇士に別れを告げると、もう予定の三時がせまっていた。

「どうでしょう、犬のことですが……」

と、とつぜん菊池隊員は思いきって言った。隊長が顔を向けた。そのとき、

「そうです、犬のことですが、せめて引き犬にならない子犬だけでもつれて行けませんか。いま二十キロあります。ぼくたちの荷物は二十キロと決まっていますが、少しずつへらして、犬を〈宗谷〉へ運んでくれませんか。お願いです！」

と、北村隊員が早口で横から口を入れた。その声には力がこもっていた。菊池隊員は、じっと、北村隊員の顔を見つめていた。

——ありがとう、と、心のなかでつぶやいて立ちあがると、彼の手をしっかりにぎった。

「うん。そうしよう」

西堀越冬隊長も力づよく言った。

「よし、われわれの荷物を少しずつへらそう」

八匹の子犬のために、みんなも賛成《さんせい》してくれた。その一人ひとりの顔を、ゆっくり見た。一年間見なれた顔だが、ばかに美しく、立派《りっぱ》に見えた。ありがとう——と、菊池隊員は頭をさげて言った。

昼近くになって、くもった空のかなたからビーバー機が現《あらわ》れた。しかし、はじめてむかえたときのような感動はなかった。

着陸したビーバー機から森松機長《きちょう》と岡本飛行士《ひこうし》がおりてきた。

「長い間、ご苦労さまでした」

森松機長が西堀越冬隊長に頭をさげた。

第二次越冬隊用の食料がおろされた。

〈宗谷〉から持ってきた、おみやげのビールが開けられた。

「日本のにおいだ——うわっ、こいつはうまい」

と、口にあわをつけて十一人はのんだ。

うまかった。生きかえった気がした。

「時間の余裕《よゆう》がありませんので……」

機長が時計を見て言った。ひさしぶりに、せせこましい人間に接した。人間の世界の空気にふれて、十一人はせわしい気持ちになった。

「おおい、立見、何をしているんだ」

「そう、あわてるな、小便をしているのだ」

人間はきんちょうすると、もようしたくなる。しかし、この立見先生は、少しでも決められた重量を軽くしようと考えたのだ。

「やあ、すまん、すまん」

と、言って、ピッケル片手に二十キロのリュックを背負って機上の人となった。その立見隊員のあとから、貴重《きちょう》な岩石《がんせき》ばかりが入った箱《はこ》が乗せられた。

「じゃ、お先に」

〈宗谷〉まで片道五十分だ。

つづいて二番機が飛んできた。藤井隊員が乗って昭和基地に別れを告げた。新しく〈宗谷〉からきた機械担《きかいたん》当《とう》の丸山隊員が感激して手をふり、見送った。大塚隊員はビーバー機が去ると、丸山隊員をつれて機械の引きつぎに行った。

通信室では、西堀越冬隊長が通信機に向かって大きな声でどなっている。〈宗谷〉へ行った立見隊員と話をしているのだ。

「子どもの使いじゃあるまいし、どうして永田君と話せないんだ!」

「はっ、じ、じつは、その、永田隊長がいそがしくて、会《あ》えないのです」

〈宗谷〉の通信室で、立見隊員があやまっている。

「会えぬ、東京じゃあるまいし……」

昭和基地では、さっぱり、〈宗谷〉の計画がわからなかった。

一方《いっぽう》、〈宗谷〉では、

「なぜ、ひとり、ひとり帰ってくるんだ！」

と、永田隊長がおこっている。

三番機がきた。また、砂田隊員ひとりだけが乗った。

〈宗谷〉では、雪上車輸送《ゆそう》を実行《じっこう》しようとして第一次雪上車偵察《ていさつ》が出たとのことであった。

話がよく通じれば、何も、ひとり、ひとり行かなくてもいいのだ。その話を知るために、めんどうでも一人ひとり〈宗谷〉へ送っているのに、まるっきり行きっぱなしだ。西堀越冬隊長のいかりは、ますます、はげしくなっていった。

十日の飛行機は三番機で終わるということが伝えられた。ビーバー機が去ると、昭和基地は八人きりになった。その八人のなかに、見なれぬ顔がいる。丸山隊員だ。

「あっ、そうか」

と、かぞえなおした。九人いた。

一年間、十一人で住んだ昭和基地に、さびしさがただよった。十一人のうち、三人欠《か》けた。その三人は、いまごろ〈宗谷〉で何をしているだろう。

あわただしかった二月十日、月曜日の一日は、こうしてすぎていった。

断《だん》念《ねん》

夜はすでにおそい。だが、明日は、また、はやく起きなければならない。机にうつぶしたまま菊池隊員は、ついうつら、うつら、うつら、つかれた心を夢のなかにとけこませていた。

いつもとちがった犬の鳴き声がする。悲《かな》しい、あわれな声だ。

「おっ、もうきたのか」

食堂へ行ってみると中野隊員も起《お》きだしてきた。時計の針は六時をさしている。

爆音が近づいてきた。昭和基地飛行場にビーバー機はさっそうと着陸した。

「ばかに、はやいね」

「はあ、今日じゅうに、全部収容を終わらせますので……」

「なにっ、収容?」

「おれたちは、遭難者《そうなんしゃ》じゃないぞ」

「はっ、しかし、適当《てきとう》な言葉がないので……」

「そうか――、救出でもないな。次の者と交代するだけだからな。すると、引きあげか」

中野隊員が首をひねっているうちに、十一日の第一便搭乗者《だいいちびんとうじょうしゃ》、北村隊員がすがたを現した。片手に子犬をだいている。

「では、お先に」

北村隊員は西堀越冬隊長にていねいにおじぎをした。つづいて、犬たちに手をふった。

「元気でいろよ！」

大きな声を残してビーバー機のなかにすがたを消した。その瞬間、ビーバー機は氷原を離れた。いそがしそうに翼《つばさ》をゆらして風の上に乗った。

「さあ、今度はおれの番だな」

そうつぶやいたとき、菊池隊員はぶるぶるぶるっと、むしゃぶるいをした。小学生のころ、運動会などで、いよいよ、次は自分が走る番だなと思うと、ぶるっと、ふるえたことを思い出した。必要な荷物は、もう、まとまっている。自分の部屋《へや》に、そして、昭和基地の建物《たてもの》に別れを告げた。

外へ出ると犬がいっせいにほえた。

「わかるんだな――」

犬のところにくると、一頭《いっとう》、一頭の頭をなでた。

「元気でいろよ。また、くるからな」

同じことを何度もくりかえして言った。すぎ去った思い出が、いそがしく頭のなかで回転《かいてん》した。

そのとき、空のかなたから爆音が聞こえてきた。別れだ――。

強いショックが全身《ぜんしん》をゆすぶった。犬たちがいっせいにほえた。

「さようなら――」

犬に、昭和基地のすべてのものに、心のなかでさけんだ。

飛行機が着陸した。子犬のヨチをかかえて、大塚昭和基地税関吏《ぜいかんり》の前へ行った。荷物制限《せいげん》がうるさいのだ。佐伯隊員も一匹の子犬をだいていた。

「では、お先に」

と、先に飛び立った者と、同じ言葉が出る。ビーバー機に乗る前、ちょっと犬のほうを見た。つながれている犬たちは、いっせいにほえている。悲しい声だ。いや、悲しい声に聞こえるのかもしれない。しかし、まさか、これが永遠《えいえん》の別れになろうとは、夢にも思えなかった。入れ代《か》わりに、この犬たちのめんどうをみる人びとがくると信じていたので、悲しみというものはわいてこなかった。別れのさびしさにすぎなかった。

「元気でいろよ！」

ビーバー機に乗ると、菊池隊員は小窓《こまど》から、じっと犬へ目をそそいでいた。爆音が、しだいに高まり、昭和基地をあとにした。

「ああ、ついに、お別れだ！」

小窓に額《ひたい》をすりつけて、手をふる人びとに、昭和基地に、そして犬に、最後の別れを告げた。小さくなっていく、すべてのものがかすんで見えなくなった。

もう一度見ようと、菊池隊員は涙をぬぐった。オレンジ色の建物が、箱庭《はこにわ》のように見えた。高く、高く上《じょう》昇《しょう》するにつれ、雲が、その建物をさえぎって、つつんだ。

ビーバー機は明るい西北の空へ機首《きしゅ》を向けた。そのとき、胸のなかに、ひきしまる感動を受けた。

「さようなら！——昭和基地」

「そうだ、氷状《ひょうじょう》を調べていこう」

菊池隊員は機上でノートを取り出した。甘《あま》いセンチな気持ちは、はやくもどこかへ吹き飛んでいた。白い紙の上に、氷上のようすが、黒い鉛筆で描かれていった。もう一度、昭和基地へ雪上車でくることを予想《よそう》していたからである。

まもなく、氷原のなかに、二つの船のすがたを発見した。

「〈宗谷〉だ！」

ひとりでに大きな声が出た。子犬が驚《おどろ》いて、またの間でさわいだ。ビーバー機はたくみに氷原に着陸した。

「ご苦労さん」——「たいへんだったな」——「おお、菊池！」——「元気でよかったな」

さまざまな声にむかえられた。なつかしい人びとにかこまれて、強い感激がおそってきた。

夢にまで見たことのある〈宗谷〉を見あげた。デッキで、手をふる立見隊員のすがたを発見して、〈宗谷〉にかけあがると、まっ先に、

「基地へ行けそうか」と、聞いた。

「むずかしいな、しかし、あきらめきれんな」

「むずかしいか、でも、やってやれないことはないよ——」

「いや、いろいろな問題があるんだ。あれを見ろ」

指さすところに、大きな〈バートン・アイランド号〉のすがたがあった。

「〈宗谷〉の思うままにはいかないのだ。どうしてって、へたをすると、二つとも動けなくなるんだ」

立見隊員は、はやくも〈宗谷〉の空気になじんでいた。帰ったばかりの人間にはピンとこなかった。

食堂には、藤井、砂田、北村隊員が顔をそろえていた。

「よう！　きたな」

「なんだ、ばかにむずかしい顔をしているじゃないか」

「まあまあ、〈宗谷〉にまかしとけ。われわれが、いま口を出してもはじまらん」

「西堀さんが帰ってくると、空気も変わるだろう」

なるほどと思った。笑ってはいるが、腹《はら》の底《そこ》では、同じことを考えているのだと思って、はじめて顔をくずした。

まもなく、次の便で、西堀越冬隊長と作間隊員がカナリヤとネコのタケシと、子犬一匹をつれて帰ってきた。つづいて、中野、大塚、村越の三隊員が引きあげてきた。まる一年ぶりで十一人の顔が〈宗谷〉の食堂に集まった。

食事が終わると、雪上車問題が、がぜん火をふいて討論《とうろん》の議題《ぎだい》となった。

ちょうどそのとき、昭和基地へ向かっていた偵察雪上車隊が帰ってきた。

そして、雪上車隊の報告では、パドルが多く、あやうく落ちるところだったという。とても百キロのコースは無理《むり》だと報告した。

永田隊長は全員を集めて、雪上車輸送計画を中止することと、次の越冬隊員を十一名にして飛行機で運ぶことを発表した。

「たしかに、百キロを雪上車輸送するのは、南極探検史にもないと思います。しかし、人はそれでいいが、雪上車は飛行機では運べないでしょう。昭和基地の雪上車は故障《こしょう》だらけで使用できないありさまです」

ペミカン（肉・小麦粉《こむぎこ》などをかためたもの）

西堀越冬隊長が強い言葉で言った。

「たしかに、雪上車は必要だし、それに、荷物も運べるので、なんとか運びたいと私も思っています。……しかし、……」

と、永田隊長が言ったとき、西堀越冬隊長は、横からその言葉を止めた。青白い永田隊長の顔が、ピリッと引きしまった。

「荷物と言いますが、運ぶ荷物を見ますと、犬のペミカンは全然《ぜんぜん》入っていませんが、これは、どうしたわけですか」

「犬の食料はアザラシで……」

「いやっ、待ってください。それは、昭和基地で、ただ、生きているのならいいですよ。しかし、今年は本観測ではないですか。大陸旅行をしないといっても、少しは旅行もしなければなりません。そのための雪上車も運びこめない、犬の旅行食のペミカンもなしでは、越冬隊がかわいそうです。犬の食料としてペミカンだけでも、なんとか運びこみたいものです」

西堀越冬隊長は、シーンとした一同の顔を見まわした。そして、さらに言葉をつづけた。

「あなたたちのなかには、犬は必要ないとおっしゃる方もいるでしょう。しかし、犬はわれわれの一年の生活をふりかえってみるとき、重大《じゅうだい》な任務《にんむ》をはたしてくれました。例をあげますと、越冬一年間の雪上車の走った距離は千二百キロです。犬ゾリのその数は、千六百キロにもおよびます。大切なとき、雪上車が動かない。これには、どうしようもなかったのです。あなた方が、実際、一年間越冬してみれば、すぐわかることでしょう」

せきばらいひとつおこらない。みんなは、うつむいたままだまりこんでいた。

「それに失礼ですが、昭和基地から〈宗谷〉への帰途《きと》、飛行機の上から氷原のようすをよく見てきましたが、雪上車輸送の仕事は、立見や、菊池なら、なんとかやってのけると思いました。どうですか、ひとつ、われわれにやらせてくれませんか」

西堀越冬隊長の言葉は終わった。しばらくは声もなかった。菊池隊員が機上からスケッチした氷状をテーブルの上に開いた。そして、雪上車輸送はできると断言《だんげん》した。

「よろしい、よくわかりました。まかせましょう」

永田隊長も、了解《りょうかい》した。一度、船上に引あげられた雪上車が、ふたたび氷原におろされた。犬の食料も雪上車に積みこまれた。

その間、輸送計画が西堀、立見、大塚、菊池隊員などの間でたてられた。

〈バートン・アイランド号〉は、十六日まで待つという。あと五日しかない。

「すると、雪上車の行動予定日は三日か、四日だな」

「最後に、われわれがビーバー機で帰る日を入れて、時間いっぱいだ。よし、やろう」

外では、徹夜《てつや》で荷物がおろされ、雪上車に積みこまれている。

あやしい雲ゆきである。

「心配だな――」

と、言っている間に風が出てきた。恐《おそ》ろしいブリザードがはじまった。

「しまった！」

思わず十一人はさけんでいた。暗い予感《よかん》どおり、悪魔《あくま》のブリザードは十三日、十四日と吹きつづけた。

「とうとう、だめだ――」

十一人は肩《かた》を落とし、顔をうつぶせていた。ふたたび計画は変更《へんこう》され、雪上車は船に引きあげられてしまった。〈バートン・アイランド号〉からは出発のさいそくがきた。

昭和基地へ天候状態が問いただされた。天気快晴《かいせい》との返事《へんじ》に、ビーバー機が三人を収容のために飛んだ。

それから数時間たったが、まだ帰らない。どうしたのだろう。心配は深まっていく。

夕刻、見つめる空のかなたに豆つぶのような黒点が見えた。

「帰ってきた――、帰ってきたぞ！」

さわいでいるうちに、ビーバー機はぐんぐん大きくなってきた。

着陸した。荷物がおろされた。子犬が二匹現れた。そのとき、母親のシロのすがたが目にうつった。

「おおっ、シロ！」

菊池隊員はデッキから氷原へまっしぐらに走った。

飛行士たちは、子犬をつかまえるのに時間がかかったと報告して、隊長にひどくしかられていた。

「ありがとう――よく、つれてきてくれた。ところで森松さん、あとの十五頭は……」

北村隊員が、小さな声でたずねた。

「ああ、あとの十五頭は、はなしてきたよ」

と、言ってくれることを祈《いの》っていた。しかし、守田隊員の言葉は冷たかった。

「一週間分の干鱈《ひだら》をやってきましたよ」

「えっ、すると……」

「ええ、クサリにつないだままです」

その言葉を聞いた瞬間、どん底へ、つき落とされるようなはげしさを感じた。

最後の三人を収容した〈宗谷〉は、〈バートン・アイランド号〉のあとについて行くためにイカリをあげた。

さびしい汽笛《きてき》が、氷原に流れた。

毒《どく》だんご

〈宗谷〉がイカリをあげたのは、十五日の零《れい》時二十分であった。〈バートン・アイランド号〉の行く手を、二機のヘリコプターが飛んでいる。東へ、東へ前進する船の前に、密群氷《みつぐんぴょう》がたちふさがっていた。

ドシンと、船体が氷のなかにめりこんだと思うと、それっきり大きな船体は動かなくなった。

太いロープが〈宗谷〉につながれた。五時三十分、〈宗谷〉は力まかせに〈アイランド号〉を引いた。その瞬間、八十五ミリもある太いロープが、プツッと切れた。

〈アイランド号〉は必死に身をよじった。左右に動揺《どうよう》させてもぬけない、とわかると、爆破作業をはじめた。

グァーン、グァーンと、すさまじい音。つづいて、大きな船体がかくれるほど氷柱《ひょうちゅう》がたった。氷にかみつかれた船首が、やっと、ぬけた。

外洋へ、外洋へ、〈アイランド号〉は前進をつづけた。ブリザードがはげしくつづいている。右に左に、船体は大きくゆれる。

「再突入《さいとつにゅう》できるかな」

〈宗谷〉の船室《せんしつ》では、ゆられながら十一人が話し合っていた。

「まあ、そう、先のことは心配するな。二隻《せき》の砕氷船《さいひょうせん》がいるんだ。どうにか、なるよ」

中野隊員があい変わらずの返事をする。

〈アイランド号〉は〈宗谷〉を従《したが》えて前進をつづけている。七時間で、やっと五百メートルしか進めないときもあった。十六日にはオングル島西北西約百二十二キロの地点で、一度、止まった。附近にある大氷山が不気味《ぶきみ》に見える。

最後に、母親のシロとともに帰ってきたマル、ボトの二匹の子犬が六匹の兄弟《きょうだい》とともにふざけている。

「もうすぐ、外洋へ出るぞ」

かん高い声が流れる。離岸して三日目、二隻の船はついに外洋へ出た。十七日十四時二十五分。日本時間で二十時二十五分であった。外洋へ出ると、船ははげしく左右にかたむいた。だが、速力は出た。

「最後のときがきたぞ。やるぞ!」

一人ひとりが身ぶるいをして、目を見開いていた。

十八時三十分には、オングル島の真北、百三十キロの地点にたどりついていた。ブリザードがおとろえ、風速《ふうそく》四メートルの空はどんよりと、くもっていた。

東へ、東へ、南西の風を切って、二隻の船は進入路《しんにゅうろ》を求めている。

ビーバー機のソリがフロートにつけ変えられ、氷状偵察に飛び立った。望みは捨てていない。第二次越冬隊員は船のなかで必要な荷物をまとめている。

十九日二十時、松本船長は日本の本部へ次のような電報《でんぽう》を送った。

『十七日正午から風がしだいに強くなる。十九日一時、十四メートル。五時、十八メートルとしだいに強まり、波また高く、群氷や氷山をさけ、前進を止める。視界《しかい》約四メートル』

荒れくるう氷海

あまりいい報告ではない。本部ではアメリカ側の意見も聞き、最後の線を、二月二十四日と決定した。

〝越冬はほとんど困難《こんなん》〟の新聞記事に、国民の犬に対する感情が急激《きゅうげき》に高まった。

「犬をどうするのだ。犬を救え!!」

〈宗谷〉では、山と積み重なる電報を受けた。

二十日をすぎると、風はおさまった。

二十一日二十一時、オングル島の北東約百五十キロの洋上で北西に向きを変え、一路、昭和基地へ――。

七人の第二次越冬隊が決定した。まだ、あきらめていないのだ。村山、平山、吉岡、守田、丸山、吉田、小林の七隊員である。あきらめきれぬ目を、空に向けていた。

「最後の手段《しゅだん》として、ヘリコプターを基地へおきざりにしても、第二次越冬を実現《じつげん》させたい」

と、永田隊長の顔も必死だ。ビーバー機は今日も飛ぶことができず、東北東の風に翼《つばさ》をふるわせていた。

二十三日、空をおおっている雲が切れ、うす日がもれた。オングル島北方約九十三キロ。風速九メートル。

――そのころ、船内で十一人の第一次越冬隊員たちは、暗い、悲しい空気につつまれていた。もくもくと、中野ドクターが何かつくっている。

「効《き》くか」

西堀越冬隊長が、ポツン――と、小さな声で聞いた。

「ものすごい毒《どく》が、じゅうぶんに入っています」

「そうか……」

西堀越冬隊長はまるい肉だんごを手に取って、じっと見つめた。

「苦しますより、いっそのこと……」

と、西堀越冬隊長は、中野隊員に毒だんごを頼《たの》んだのだ。そしてビーバー機が飛べるようになったら、十五頭の上に落としてきてもらおうと思っていた。うす日がもれたという知らせに、西堀越冬隊長は強いショックを胸に受けた。毒だんごをすばやく箱につめると、部屋から飛び出していった。

ビーバー機は出発の知らせを待っていた。

「飛べるか？」

西堀越冬隊長は、短い言葉で聞いた。

「ちょっと無理です」

風速九メートルの風が荒《あ》れていた。雲がふたたび光をさえぎり、うねりが高まってきた。その風が、小雪をまねき、二十四日には秒速十五メートルの強風となった。

「だめだ――」

浮氷帯《ふひょうたい》のふちを東から西へ進む船上で、永田隊長と松本船長は目をとじていた。

文部省の南極統合本部は二月二十四日二十一時五十分、

『南極統合本部《なんきょくとうごうほんぶ》第二次越冬を断念《だんねん》、故国《ここく》に向かった』と、発表した。

――無念《むねん》の涙を浮かべて、〈宗谷〉は空輪《くうゆ》を断念、〈バートン・アイランド号〉と別れてケープタウンへ進路《しんろ》を向けた。

昭和三十三年二月二十四日二十二時二十五分である。

『長い間のご援助《えんじょ》を感謝《かんしゃ》します。ご安航《あんこう》を祈《いの》ります』

〈宗谷〉のマストに信号旗《しんごうき》があがった。六日以来十九日間にわたる友情《ゆうじょう》に対する感謝《かんしゃ》の気持ちがあふれている。手をふる一人ひとりの心に、悲しみと、くやしさがはげしく入りまじっていた。

「だめだったか……」

しだいに小さくなっていくアイランド号へ目を向けている西堀越冬隊長の手には、毒だんごの箱があった。

ひとつ、ひとつ、毒だんごは、海の底へ沈んでいった。隊長の目は、昭和基地の空へ向けられている。

ぼうぜんとして、毒だんごをつまんでは、海中へ落としている隊長の瞳には、氷原に残してきた十五頭の犬のすがたが浮かんで、涙でゆれていた。

氷原のカラフト犬

氷原《ひょうげん》の十五頭

カラフト犬を、ぜひ助けてください——と、日本では八千人の署名《しょめい》運動がおこなわれていた。アメリカ大《たい》使館《しかん》にも人びとがなだれこれでいた。

「ますいを使って、口わをはめ、綱《つな》で手足をしばれば空輪《くうゆ》できると思います。しかし、どうしてもそれができないときは、クスリで安楽死《あんらくし》させてください」

という陳情書《ちんじょうしょ》も文部省にとどけられた。

その安楽死でさえ、十五頭に与えられなかったのだ。毒だんごは、むなしく南極の海中に消えた。

「どうして、そんな惨酷《ざんこく》なことをしたのだ」

と、いう電報も〈宗谷〉へ舞《ま》いこんできた。

「だれが、一年間、苦楽《くらく》をともにしてきた犬を殺せるだろうか。ばかな、そんなことができるもんか」

菊池隊員は暴風《ぼうふう》けんの波に、もまれながらひとりつぶやいていた。

——まっ白な氷原に、血を点々とたらして走ったタロ、ジロの勇姿《ゆうし》が目に浮かんでくる。

クロロマイセチンをのみながら死んでいったベックの茶かっ色のすがたも目にうつる。氷原の一角にもりあがる、テツ、モク、ベック、ヒップの四つの墓《はか》——。

カラフト犬の無事を祈り，千羽ヅルを氷海に投げる

その四頭の犬の名をつけた岩が、オングル島附近にある。オレンジ色の建物も眼底《がんてい》にうつる。

かぎりない思い出が、枯《か》れはてた瞳《ひとみ》の奥から次々と浮かんできた。

〈宗谷〉は、あざやかなオレンジ色もはげて、あわれな足なみでケープタウンへ向かっている。〈アイランド号〉に救助を求める前の二月一日、〈宗谷〉は左のスクリューを折った。そのため速力がぐっと落ちている。

〈宗谷〉はケープタウンに入港した。そして、三月二十二日二十三時二十分には、十一人の越冬隊員と、永田隊長、山本〈宗谷〉航海長《こうかいちょう》はオランダ航空機《こうくうき》〈メガトン号〉に乗り、ローマを飛び立って一路《いちろ》日本へ向かった。

快調《かいちょう》な飛行をつづけて二十四日二十二時四十分には、なつかしの東京羽田空港に着いた。着陸する飛行機をむかえて人の波が大きくゆれていた。プラカードには、〝ご苦労さまでした〟と、大きな字が書かれている。

十一人の越冬隊員には、東京港を出港してから五百二日ぶりの故国《ここく》であった。

ワッと、かんせいがあがった。人と人の波のなかへ十一人は沈んでいった。大いなる喜びに、悲しみも苦しみもなかった。

「帰ってきた。日本へ帰ってきた――」

その感激で、胸はいっぱいだった。

だが、その胸の奥深く、氷原に残してきた十五頭の犬のすがただけが、強くこびりついていた。

三十三年十一月十二日

第三次南極観測は、さまざまな議論《ぎろん》をへて、昭和三十三年六月二十日に、本観測実行が決定された。南極に三たびいどむ〈宗谷〉は、改造《かいぞう》され、飛行甲板が二・五倍に広がり、ヘリコプター母船《ぼせん》に、そのすがたを変えた。

今度の観測では、航空機輸送に重点がおかれ、雪上車をヘリコプターでつって運ぶ訓練もおこなわれた。十月中旬《ちゅうじゅん》のことである。

隊長に永田武教授《きょうじゅ》が三たび選ばれ、船長も第一次、第二次と同じ松本船長であった。副隊長、および越冬隊長には村山雅美隊員が選ばれ、出発の準備は終わった。

はげしい訓練が一つひとつ重ねられた。失敗《しっぱい》をくりかえさぬように大自然の力のなかに現実を生かして、細かい計算がおこなわれた。

こうして、東京港出港の昭和三十三年十一月十二日をむかえた。

朝から降っていた小雨《こさめ》がやんだ。

ヘリコプター母船に改造された〈宗谷〉の後ろすがたは両手をぐっとさしあげている力士《りきし》のように、たくましく見えた。

南極観測に旅立つ《宗谷》と，見送る人びと

東京港・日の出桟橋《さんばし》は、見送る人びとでうずまっていた。そのなかで、出港式《しゅっこうしき》がおこなわれた。

「昭和基地に帰ります」

永田隊長のかんたんなあいさつを最後に、観測隊員三十七人は〈宗谷〉の人となった。

三十三年十一月十二日

十時四十五分、ドラが鳴《な》った。海上自衛隊が吹奏《すいそう》する別れのマーチに五色のテープが飛んだ。見送る人びとのなかに、西堀第一次越冬隊長らの顔も見える。

二度目の越冬に出発する北村隊員がデッキで力づよく手をふっていた。

どんよりくもっている空に飛行機が高く低く飛んでいた。〈宗谷〉を見送る船が美しく船上をかざり、前に後ろに、左に右に、よりそっている。のびきったテープが水面に流れ、〈宗谷〉の速力は、しだいに増していった。〈宗谷〉の船体からはみ出した緑色の飛行甲板が人びとの目を印象的《いんしょうてき》に強く引きつけている。前甲板には、翼《つばさ》をはずしたビーバー機が勇姿《ゆうし》を現《あらわ》し、後ろの甲板にはシコルスキーS五八型ヘリコプター二機がなかよく並んでいる。その後ろに、小さいベル型ヘリコプター二機が二つの紺色《こんいろ》の箱の中におさまっていた。そのたくましいすがたを見て、

「今年は、だいじょうぶだろう」

と、見送る人びとは強く心に感じた。

太い汽笛《きてき》が尾を引いて流れ、〈宗谷〉はしだいに小さくなっていった。

その海のはてなる南極の一角に昭和基地があり、十五頭のカラフト犬が待っている。

無人の昭和基地へ、〈宗谷〉の速力は加わっていった。十五時には三浦半島の剣崎沖《けんざきおき》を通過《つうか》した。

雲が切れ、その切れ目から光がもれた。その光の下に、富士山が美しいすがたを現した。

乗組員も富士山を見て、今年はだいじょうぶだという強い信念《しんねん》をいだいた。

〈宗谷〉は一路、南極へ南極へ、太平洋の波をけって速力をはやめていった。

……そして、タロ・ジロが生きていたという現実にぶつかるのだ。

奇跡《きせき》ではない

《タロ・ジロは生きていた》

そのニュースは全世界の人びとを驚かせた。奇跡《きせき》はおこった。

だが、その奇跡を、

「奇跡ではない」

と、予言《よげん》していた人がいた。

カラフト犬の育ての親、犬飼教授《いぬかいきょうじゅ》である。

それは、第二次隊が越冬《えっとう》を断念《だんねん》して、氷原に十五頭のカラフト犬を残してきたとき、タロとジロは生きられると断言《だんげん》した人である。

「少なくとも、二頭は生きている」

と、犬飼哲夫《いぬかいてつお》教授《きょうじゅ》は思った。

しかし、十五頭の問題が落ち着くまで、言葉に出すことをひかえていた。断言する以上、科学的なこんきょをしっかりまとめておかなくてはならない。犬飼教授は多くの資料を整理《せいり》した。そして、昭和三十三年九月十八日、学術会議《がくじゅつかいぎ》の席上《せきじょう》で堂々《どうどう》と自分の考えを発表した。

南極特別委員の先生方をはじめ、報道陣《ほうどうじん》も笑って聞いていた。

「まさか、そんなことが……」

「いいえ、断言《だんげん》します。南極へ行った犬は、リキが八歳、ほかのものが、ほとんど五、六歳です。タロとジロが最年少の満二歳です。深川のモク、アンコ、ゴロの三頭が、タロ、ジロより八カ月年うえです」

「すると、タロ、ジロが生きられる可能性《かのうせい》があるというのですか」

「そうです。それには理由があるんです。タロ、ジロそのほかの三頭は、体力的にも力のつく時期《じき》で、生活力もおうせいなときです。カラフト犬は、みなさんが思っているより、はるかに強い動物です。私はあらゆる計算からみて、タロとジロが生き残ると信じているのです」

「——」

「しかし、ただ、若いから生きられるというのではありません。みなさんは、まず、食べ物を考えておられると思います。昭和基地には食べ物が豊富《ほうふ》にあります。まず、オングル島は無菌地帯《むきんちたい》であるということを知らなくてはなりません。十一人の越冬隊員が捨《す》てた残飯《ざんぱん》や、アザラシのかいぼう体が、くさらずに残っているはずです」

「しかし、犬はクサリにつながれているんですよ。そんな——」

「その点はご心配なく。クサリのはしは、スプリングで止めてありますが、スプリングの間に雪がつまると、こおりつき、ポキッと折れることがよくあります」

カラフト犬の父といわれる犬飼教授の話はいよいよ専門的《せんもんてき》になってきた。カラフト犬の訓練《くんれん》を見たことのない人びとはその話にしだいに引きずりこまれていった。

タロ・ジロより８カ月年うえのゴロ

「犬の体につけてある革《かわ》にしてもそうです。特別の加工《かこう》をしていないため、訓練中から寒さのためよく切れました。若い犬でしたら、体重三、四十キロで引っぱる力は五十キロ以上あります。革など、こおってかたくなったとき、いっしょうけんめい引っぱったらプツッと切れるでしょう。ですから、つながれているということの心配はいりません」

「なるほど。すると、寒さの点については」

「カラフト犬は、寒さに、実に強い動物です。大雪の朝、庭につないでいた犬が、一頭も見えないときがありました。犬の名をよぶと、積もった雪の中から出てきました。カラフト犬は、鼻先だけを出して寝ているのです。越冬一年記を読むと、西堀さんも、菊池さんも同じことを書いています。昭和基地の最低気温はマイナス三十六度でした。カラフト犬はマイナス四十度でも、野外《やがい》で平気《へいき》なはずです」

「しかし、太陽の出ない点では……」

「カラフト犬は、シェパードなどとちがって、神経質《しんけいしつ》ではありません。暗くなればそのまま寝ています」

犬飼教授が、カラフト犬の研究をはじめたのは、昭和十三年である。ほかの学問の偉《えら》い先生方も、カラフト犬については犬飼教授の話を尊重《そんちょう》しなくてはいけない立場にある。明治三十年十月、長野県に生まれた犬飼教授は北海道大学に入り、ドイツへ留学《りゅうがく》して、母校《ぼこう》の先生となった。北海道大学農学部動物学科に席をおく先生は、鳥獣《ちょうじゅう》の生態学《せいたいがく》では日本一の学者でもある。

その犬飼教授の話に、一人ひとりがうなずいていたが、話がタロ・ジロのことにもどると、まさか――と、いう気持ちが強くなるのであった。

「私は昭和基地に、天候異変《てんこういへん》、大地震《じしん》でもないかぎり、二頭は生きている生存説《せいぞんせつ》に九十パーセント自信《じしん》をもっています。それは、第三次隊が、昭和基地に着いたとき、はっきり証明《しょうめい》されると思っています」

と、言って、犬飼教授は言葉をとじた。

その――タロとジロが生きていた。

信じられぬことが現実となったのだ。

奇跡《きせき》ではない、きちんとした科学的なこんきょがあったのだ。

しかし、タロ・ジロの一年間の生活は、この二頭以外にはだれにもわからない。

そのタロとジロをめぐっておおさわぎの最中《さいちゅう》、昭和基地から三頭の死体が雪の下から発見されたニュースが伝わってきた。

それは三十四年一月三十日のことである。〈宗谷〉から、次のような電文が飛びこんできた。

タロ・ジロの父親，ふうれんのクマ

『ふうれんのクマなど三頭の死体が発見された。場所は、つないだ雪の下である』

北村隊員からの連絡《れんらく》では、雪中深くうずもれた死体は、ほとんど生きていた当時のすがたと変わらなかったという。

犬係であった北村隊員のことを思うと、同情《どうじょう》が深まる。どんな目で、その死体を見たことか。思うだけでも胸がつまる。

「つらかっただろう」

と、遠い地にいる北村隊員に菊池元隊員はいく度も話しかけた。同時に、タロとジロが、ふざけまわるすがたが瞳《ひとみ》に浮かんできた。

「よかったなあ――ほんとによかった……」

菊池元隊員はタロ、ジロの思い出にふけった。

発表当時は三とうだったが、その後確認され、クマ、ゴロ、モク、ポチ、クロ、ペス、アカの七とうで、いずれも水葬されている。あとの六とうの犬は、ゆくえ不明……。

タロ・ジロ物語

タロは、がんばり屋だった。

血を吹き出しながら氷原を走っていても、痛《いた》い顔を見せない。

ふだんは、少しぼそっとしていたが、いざ仕事になると驚くほどがんばった。

そのタロに比べて、ジロは、チャッカリ屋だった。

雪上車で旅行したとき、訓練のためにジロもいっしょにつれて行ったことがある。ただ、ついて走っていればよかったのである。

ところが何キロか走ると、ジロは雪の上にすわりこんでしまう。ほかの犬は、ふうふういってがんばっているのに若いジロは、もう、だめですという、かっこうをする。

「ジロ！」

と、よんでも動こうとしない。

「よし、おいて行くぞ！」

と、おどかしても、平気な顔をしている。

「おいて行けるものなら、どうぞ」

と、いった顔つきである。しゃくにさわるが、つい、バックしてだいてやる。すると、とたんに元気になる。かわいい顔をちょこんと向けるので、つい笑い出してしまう。

「こいつ……」

と、しかると、目をつぶる。愛きょうのある犬だった。

タロとジロは、同時に生まれた兄弟であるが、まったく、性格《せいかく》がちがっていた。

タロとジロの父親は、氷原に残された十五頭のなかにいる、ふうれんのクマである。

母はクロといって、稚内《わっかない》市にいた犬である。

そのクロとクマの間に生まれたのが昭和三十年の秋のことであった。

「南極に行くには、犬が必要だ」

「いや、いらない」

と、はげしい論争《ろんそう》がかわされているころであった。

生まれたときは三匹で、タロ、ジロのほかに、サブというのがいた。

黒々としたこの三匹の子犬に、生まれてまもなく悲しい出来事がおきた。

飼主《かいぬし》が事業《じぎょう》に失敗して、お金が必要となった。そこで、タロ、ジロ、サブを魚市場で魚といっしょにセリ売りに出した。

ちょうどそのころ、南極へ行くカラフト犬を探していた、北海道大学農学部附属博物館《のうがくぶふぞくはくぶつかん》につとめている芳《は》賀良一《がりょういち》さんが、この三匹の子犬を見つけた。

芳賀さんは南極行きカラフト犬候補《こうほ》第一号として三匹を買い取った。

そのときはまだ、三匹は無名《むめい》の子犬だった。

「名前がなくては、こまるな――よし、タロ、ジロ、サブとつけよう」

と、芳賀さんが命名した。

しかし、芳賀さんは、かってに、この名前をつけたのではなかった。

明治四十五年一月二十五日に、南緯《なんい》八〇度五分、西経《せいけい》一五六度三七分の地点に、日本最初の南極探検隊が到達《とうたつ》した。白瀬《しらせ》隊である。その白瀬隊のカラフト犬のなかに、タロ・ジロの兄弟犬がいた。それを、芳賀さんは知っていたのである。

白瀬隊は、十三頭の犬を集めた。そして、カラフトタライコタンの酋長《しゅうちょう》、山辺安之助《やまべやすのすけ》さんと、村の青年、花森信吉《はなもりしんきち》さんの二人に犬のことを頼《たの》んだ。

二人は船に乗っても、犬と生活をともにした。しかし、赤道《せきどう》をすぎるころ、タロとジロの二頭をのぞいて十一頭が死んでしまった。設備《せつび》も医学《いがく》も進歩《しんぽ》していない時代のことである。

白瀬隊はシドニーに船を止めて、急いで二十六頭のカラフト犬を集めた。そして、一年後、ふたたび南極に出発したのである。そのとき、タロ、ジロは先導犬として、よく氷原に白瀬隊をゆうどうしている。

その勇敢《ゆうかん》なタロ・ジロにあやかって命名《めいめい》したのである。そして昭和の時代に、同じように氷原に血を吹きながら走ったのだ。

ふしぎな気持ちがする。

ふしぎと言えば、さらに、おもしろい話に気がつく。と、いうのは、南極行きカラフト犬候補の犬のなかに、タロ、ジロに血のつながる八頭が、最初の三十頭のなかに選ばれている。

それは、タロ、ジロ、サブのほかに、ゴロ、アンコ、マルである。それに、ふうれんのクマと、その兄弟であるヒップのクマ、もんべつのクマ、深川のモクも親戚《しんせき》である。そして、この十頭のうち、病気で死んだサブと第二次隊用として残されたマルをのぞいて、八頭が昭和基地へ行ったのである。

そのうち、ふうれんのクマをはじめ、もんべつのクマ、深川のモク、ゴロ、アンコが氷原に残され、ヒップのクマは行方不明になった。

もんべつのクマ

さらに、ビーバー機で救出された八匹の子犬は、ジロの子であるということである。

昭和三十年のころはまだ子どもであったが、昭和基地にきてジロは立派《りっぱ》な青年になった。

三十一年の秋、〈宗谷〉が南極に向かって航海《こうかい》中、ジロの友だちであったミネはハッチから落ちて足を折り、そのまま〈宗谷〉で日本へ帰ってきた。

そのミネと同じように、老犬《ろうけん》のトムと札幌《さっぽろ》のモクも帰された。モクは帰路《きろ》船上で心臓《しんぞう》をわずらって死んだ。

こうして、残った十九頭の犬が越冬隊に加わった。そして、越冬中にベックが病死した。ヒップのクマが行方不明になった。テツが老衰《ろうすい》で死んだ。

十六頭のなかに、メス犬が一頭いた。——シロである。

シロと、ジロは、なかよしだった。立派な青年になったジロは、シロをおよめさんにもらった。

そして生まれたのがボト、フジ、ミチ、チャコ、スミ、ユキ、ヨチ、マルの八匹である。

病死したベック

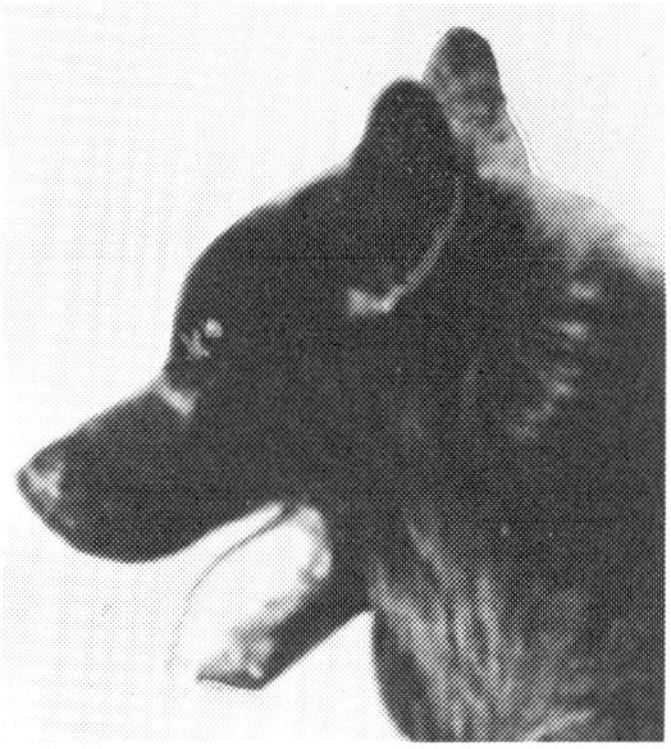
行方不明のヒップのクマ

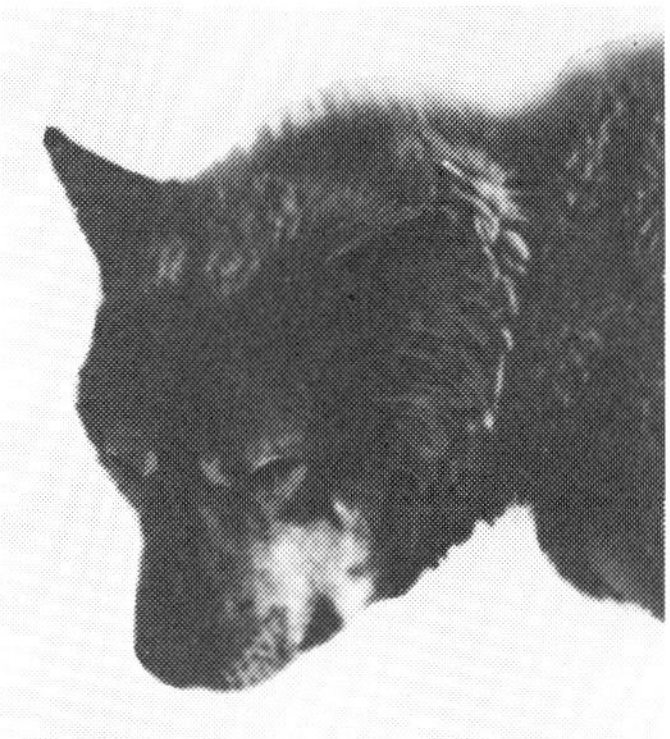
病死したテツ

クサリにつながれたまま，氷原に残されたカラフト犬たち

クサリを切って，行方不明になったデリー

十六頭に八匹を加えて昭和基地はにぎやかになった。

だが、この犬たちの運命《うんめい》にも恐《おそ》ろしい出来事がおおいかぶさってきた。

シロと、八匹の子犬はビーバー機によって運ばれたが、十五頭の犬はクサリにつながれたまま氷原に残された。

そして、毎日、毎日、次の越冬隊員がくるのを待った。

冬のおとずれがはやくきた。風が強まり、ブリザードが荒れくるい、雪のなかにうずまった。無言《むごん》の犬たちはしんぼう強く、いまか、いまかと、むかえにくる人の足音を待った。空を見あげて、耳をすました。

しかし、人間はこなかった。盗賊カモメの急《きゅう》降下《こうか》がおそってくるだけであった。

十五頭は主人《しゅじん》の命令《めいれい》にそむいた。

生きるためにクサリをちぎろうとあせった。

クサリが切れず，雪の下で死んだアカ

ふうれんのクマ、デリ、アカなど、六歳から六歳半の老犬はそのクサリを切る力を失っていた。

タロとジロのクサリは、ぷっつり切れた。

「おとうさん、いま、ぼくがほどいてやるよ」

と、タロとジロはふうれんのクマのクサリにかじりついたが、ちぎることはできなかった。

雪と風がはげしく吹きつけてくる。

「おおい、タロ――！」

と、さけんでいた父親の声は、いつしか雪の下に消えていった。

そして、兄弟のゴロ、アンコのすがたも知らず知らずのうちに見えなくなってしまった。

吹雪《ふぶき》のなかに立って、タロ、ジロは悲しみの声をあげた。

空から救い出してくれるものと、さしのべられる手をじっと待っていた。

その空には、星も、月も、そして、太陽も消えていた。

「やっぱり，きたぞ！」

タロとジロは、生きるために氷原を走った。

「くるだろうか」

「くるさ、きっと、くるさ」

タロ、ジロの兄弟は、はるか日本の空を見つめていた。

その空の下を〈宗谷〉は、第三次観測隊を乗せて東京港を離れ南極にたどりついたのである。

「おい、なにか、なにか聞こえないか」

と、タロが耳をすまして言った。

「あっ、聞こえるぞ！」

大きな声で、ジロがさけんだ。

飛行機の翼《つばさ》が、遠い雲の間にきらっと光って見えた。

「あっ、飛行機だ！」

「きた、やっぱりきたぞ！」

「おりてきたら、おどかしてやろう」

「うん」

タロとジロはオングル島の岩の間にすがたをかくした。

シコルスキー二〇一号機と二〇二号機は、無人の昭和基地までの百六十キロを一時間十分で飛んできた。

「あつ，昭和基地だ！」

なつかしいオレンジ色の建物が見えた。

「あっ、昭和基地だ！」

清野隊員がふるえる声でさけんだ。

巨大なハス池を思わせる開水面《かいすいめん》が輝《かがや》いている。

そのとき、氷上に動く黒い物体《ぶったい》を見た大塚隊員が、さけんだ。

「あっ、犬だ！」

「な、なにっ！」

腰をあげた荒金《あらがね》隊員らは眼下《がんか》の銀世界に目を落とした。

「まさか、犬が一年間も生きているものか。アザラシだろう」

と、言われてみると第一次越冬隊員であった大塚隊員も、さっかくであるかもしれないと思った。

同時に、昭和基地から引きあげた日のことを思い出した。

それは三十三年二月十一日のことである。

十一人の越冬隊員の最後の人として、中野、村越、大塚の三隊員と、それに第二次越冬予定者である丸山隊員の四人がビーバー機に乗った。

乗る前、一年間住みなれたなつかしい建物に、記念のいたずらがきを残し、つかれはてた雪上車に別れを告げた。

犬たちは首に赤い名ふだをさげて、しきりにほえていた。

タロとジロは，じっと待っていた

「そう鳴くな。もうすぐ、新しい人たちがくるからな」

と、言いながら、食料を与えて頭をなでてやった。

こうした思い出にふけっている間に昭和基地がぐんぐん接近してきた。

――着陸。それっとばかり大地に飛びおりた。建物に向かっておもいきり走った。だが、まさか、その大塚隊員らを追うものが、そこにいようとは、だれが思ったであろうか。

二つの黒い物体が声をあげて走ってきた。

「あっ、い、犬だ！」

信じられぬ現実を見つめた。つやつやとしたまっ黒な毛に大塚隊員は思わず飛びのいていた。

同時に、食堂の時計が一年間、時をきざんでいたことがほかの隊員から伝わってきた。

写真の人物は北村隊員

昭和基地は死んでいなかった。

昭和基地は生きていたのだ。

生きるすがたが、二頭のカラフト犬と、電池時計によって力づよく示されたのだ。

「やっぱり、おまえたちだったのか！」

あとの便で飛んできた北村隊員とタロ・ジロはしっかりとだきあった。

なつかしくて、なつかしくて、タロも、ジロもうれしなきに鳴いていた。

「よく生きていた、よく生きていた……」

北村隊員の顔は涙にぬれていた……。

《タロ・ジロは生きていた》

そのニュースは全世界の人びとの胸を強くゆさぶった。

第一次南極観測越冬隊員名簿

氏名 (年齢順)	越冬当時の仕事の分担
西堀　栄三郎	第一次越冬隊長
中野　征紀	医師
藤井　恒男	庶務・報道
立見　辰雄	地質観測一般
大塚　正雄	機械
菊池　徹	地質・犬ゾリ
作間　敏夫	通信
砂田　正則	調理
村越　望	気象
佐伯　富男	設営
北村　泰一	オーロラ・犬ゾリ

第一次・南極観測に参加したカラフト犬

	名前	年		
1	タロ	2	生存	
2	ジロ	2	〃	
3	アカ	6	死	7とう
4	ペス	5	〃	
5	クロ	4.5	〃	
6	モク	3	〃	
7	モンベツのクマ	4	〃	
8	ポチ	3.5	〃	
9	ゴロ	3	〃	
10	リキ	7	行方不明	●首輪ぬけ　6とう
11	デリー	6	〃	●クサリはずれ
12	ジャック	4	〃	●首輪ぬけ
13	フーレンのクマ	5.5	〃	●〃
14	アンコ	3	〃	●クサリはずれ
15	シロ	3	〃	●首輪ぬけ
16	テツ	6	越冬中・病死	
17	ベック	3.5	〃	
18	ヒップのクマ	4.5	越冬中行方不明	〈注〉 1～15までの年齢は第一次越冬隊がひきあげた昭和33年2月11日当時の年齢
19	シロ子	1.2	日本帰還	
20	トム	6	宗谷で帰国	

菊《きく》池《ち》　徹《とおる》
大正10(1921)年生まれ
北海道大学理学部地質学科卒業
理学博士
昭和31(1956)年11月～33(1958)年３月の南極観測第一次越冬隊に参加し，地質・犬ゾリ担当として活躍する。その後，海外鉱物資源（株）を経て，昭和41(1966)年よりカナダに住み，鉱山開発コンサルタント並びに国際経営コンサルタントとして活躍。平成18年(2006年)没。享年85歳。

藤《ふじ》原《わら》一《いっ》生《せい》（本名：藤原一生《ふじわらかずお》）
大正13(1924)年生まれ
童話作家
日本けん玉協会創設者
両親は幼い頃に離婚。極端に貧しく孤独な環境で心が荒んでいたが，牧師・小野良一さんとの出会いで「愛」を知り，多大な影響を受ける。
平成６(1994)年没。享年69歳。

NDC916　藤原一生
神奈川　銀の鈴社　2020
160P　21cm　タロ・ジロは生きていた

©本シリーズの掲載作品について、転載、その他に利用する場合は、
著作権者と銀の鈴社著作権部までおしらせください。

ジュニア・ノンフィクションシリーズ　定価：本体価格1200円＋税

タロ・ジロは生きていた
―南極・カラフト犬物語―

1983年４月10日初版（教育出版センター発行）
1985年10月10日増補改訂版第38刷（教育出版センター発行）
2004年４月10日復刊（銀の鈴社発行）
2006年４月10日復刊２刷
2020年９月20日復刊３刷

著　者――藤原一生（藤原敏子©）
監　修――菊池　徹

発行者――西野真由美
発　行――株式会社 銀の鈴社
〒248-0017　神奈川県鎌倉市佐助1-10-22 佐助庵
電話　0467-61-1930　FAX　0467-61-1931
Eメール　info@ginsuzu.com
URL　https://www.ginsuzu.com

印　刷――電算印刷株式会社
製　本――渋谷文泉閣

ISBN978-4-87786-504-7　C0095　落丁・乱丁本はお取り替え致します